Sitzungsberichte
der Akademie der Wissenschaften
der DDR
Mathematik – Naturwissenschaften – Technik

11 N
1976

Karlheinz Lohs, Gerhard W. Fischer, Wolfgang Dedek

Chemisch-toxikologische Aspekte des Alkylierungsvermögens pestizider Phosphorsäureester

AKADEMIE-VERLAG · BERLIN

Sitzungsberichte
der Akademie der Wissenschaften
der DDR
Mathematik — Naturwissenschaften — Technik

Jahrgang 1976 · Nr. 11/N

Karlheinz Lohs, Gerhard W. Fischer, Wolfgang Dedek

Chemisch-toxikologische Aspekte des Alkylierungsvermögens pestizider Phosphorsäureester

AKADEMIE-VERLAG · BERLIN
1976

Vortrag vor der Klasse Chemie
am 19. 2. 1976 von Karlheinz Lohs,
Ordentliches Mitglied der Akademie
der Wissenschaften der DDR,
Dr. habil. Gerhard W. Fischer und
Dr. habil. Wolfgang Dedek,
Forschungsstelle für chemische Toxikologie
der AdW der DDR, Leipzig.

Herausgegeben im Auftrage
des Präsidenten der Akademie
der Wissenschaften der DDR
von Vizepräsident Prof. Dr. Heinrich Scheel

Erschienen im Akademie-Verlag, 108 Berlin, Leipziger Str. 3-4

Lizenznummer: 202 · 100/180/76
Gesamtherstellung: VEB Druckhaus Köthen
Bestellnummer: 753 215 1 (2010/76/11/N) · LSV 0225
Printed in GDR
DDR 6,– M

Inhaltsverzeichnis

1. Einleitung

Das chemisch-toxikologische Reaktionsverhalten industriell bedeutsamer Produkte ist erst in den zurückliegenden zehn bis fünfzehn Jahren aus dem Bereich des vorwiegend akademischen Interesses in das Blickfeld der Hersteller und Anwender dieser Produkte getreten. Der Grund für dieses gestiegene Interesse an chemisch fundierten Untersuchungen zur Toxikologie von Rohstoffen sowie Vor-, Zwischen- und Finalprodukten lag zunächst im Anstieg akuter Vergiftungen als Folge der zunehmenden Chemisierung. Inzwischen sind es jedoch vorwiegend die Probleme der mit der Herstellung und Anwendung chemischer Erzeugnisse verbundenen Gefahren sekundärer Schädigungen und vor allem der Spätschäden durch chemische Produkte und ihre Metabolite, die den entsprechenden chemisch-toxikologischen Untersuchungen vorrangiges Interesse — und auch ökonomische Bedeutung — geben.

Überlegungen über die Belastbarkeit des menschlichen Organismus durch äußere Noxen wurden zunächst mehr auf physikalischem Gebiet angestellt, weil die Frage der Belastung des Menschen durch physikalische Noxen seit 1945 durch die weltweite Verbreitung radioaktiver Spaltprodukte aktuell geworden war. Sowohl die äußere, auf der energiereichen Strahlung beruhende, als auch die nach erfolgter Inkorporation solcher Spaltprodukte wirksame innere Strahlenbelastung des Menschen kann die Ursache für genetische sowie andere Spätschäden sein. Langlebige und im Organismus gespeicherte Radionuklide sind naturgemäß biologisch besonders bedeutsam. Die Probleme der Strahlenwirkung auf wichtige Zellbestandteile, insbesondere auf die Nucleinsäuren, werden daher wegen ihrer Bedeutung für die Entwicklung von Spätschäden intensiv bearbeitet.

Mit der ständig zunehmenden Produktion unterschiedlichster chemischer Produkte entwickelte sich in den letzten Jahrzehnten in allen Industriestaaten der Welt eine prinzipiell sehr ähnliche Problematik. Damit verknüpft haben sich zahlreiche Fragen des Schutzes vor toxischen Einwirkungen sowohl im Hinblick auf akute als auch auf chronische sowie Spätschäden[1] für den Produzenten wie den Anwender ergeben. Die Entwicklung des Fachgebietes der chemischen Toxikologie ist durch diesen Sachverhalt sehr beschleunigt worden. Dementsprechend sind im Forschungsprogramm Chemie der DDR chemisch-toxikologische Untersuchungen zum Reaktionsverhalten volkswirtschaftlich besonders wichtiger Verbindungsklassen aufgenommen worden. Der Forschungsstelle für chemische Toxikologie fallen dabei neben theoretischen und experimentellen Studien zur Schadstoffausbreitung sowie Arbeiten über Entgiftungsmittel und -methoden Untersuchungen zu, die aus dem in vitro- und dem in vivo-Reaktionsverhalten ausgewählter Syntheseprodukte Folgerungen über die Entstehung von Spätschäden ermöglichen sollen.

Unter den chemischen Substanzen besitzen diejenigen eine besondere Bedeutung, die im menschlichen Organismus an Nucleinsäuren, den Zentren der biologischen Information, angreifen und dort irreversible Reaktionen auslösen. Zwischen der schnell und ohne großen Aufwand experimentell zu ermittelnden akuten Toxizität einerseits und den möglichen Spätschadenwirkungen einer Substanz andererseits sind bis heute noch keine allgemein gültigen Relationen bekannt; selbst chemisch sehr ähnliche Substanzen können toxikologisch sehr unterschiedliche Wirkungen haben.

Abgeleitet aus den Schwerpunktvorhaben der weiteren Entwicklung der Volkswirtschaft der DDR sowie in Übereinstimmung mit den vorrangigen Erfordernissen des Arbeits-, Gesundheits- und Umweltschutzes werden in der Forschungsstelle für chemische Toxikologie der Akademie der Wissenschaften der DDR diese Untersuchungen zum Problemkreis der Spätschäden an phosphororganischen Pflanzenschutz- und Schädlingsbekämpfungsmitteln durchgeführt. Die praktische Bedeutung solcher phosphororganischen Pestizide ist heute unbestritten. Angesichts der weltweit geführten Debatte über vermutete und erwiesene Schadeffekte des DDT und verwandter Halogenkohlenwasserstoffe werden die pestiziden phosphororganischen Verbindungen als eine Alternative betrachtet. Ihre durch den relativ schnellen enzymatischen und hydrolytischen Abbau bedingte geringe Persistenz hebt sie deutlich von den Halogenkohlenwasserstoffen ab und läßt sie deshalb als „umweltfreundlicher" gelten. Da man inzwischen auch der teilweise hohen akuten Toxizität phosphororganischer Pestizide durch Entwicklung „mindertoxischer" Wirkstoffe begegnet ist, sind die gegen diese Verbindungen erhobenen Bedenken gemindert und sogar durch eine oftmals zu euphorische Einschätzung als „die" Pflanzenschutz- und Schädlingsbekämpfungsmittel ersetzt worden.

In den letzten Jahren häufen sich allerdings Befunde über mutagene, teratogene, cancerogene und andere Schadeffekte phosphororganischer Pestizide, die mit der für die akute Giftwirkung hauptsächlich verantwortlich zu machenden Cholinesterasehemmung nicht erklärt werden können. Im Falle mutagener, teratogener und cancerogener Manifestationen liegt vielmehr eine genetisch determinierte Schädigung von Keim- und Körperzellen nahe. Bei einer Reihe anderer Verbindungsklassen (z. B. bei Dialkylsulfaten, Alkylsulfonaten, Losten, Äthyleniminen, Epoxiden) konnten derartige Schadeffekte in direkten Zusammenhang mit ihren alkylierenden Eigenschaften gebracht werden. Da die meisten phosphororganischen Pestizide als Alkylester von Säuren des tetraedrischen Phosphors ebenfalls alkylierend wirken, erhebt sich die Frage, ob auch bei ihnen eine kausale Beziehung zwischen alkylierenden Eigenschaften und Spätschadeneffekten besteht. Die Klärung dieser Frage ist für die gezielte Weiterentwicklung phosphororganischer Pestizide von erheblicher praktischer Bedeutung.

Der nachfolgende Überblick setzt sich zum Ziel, unter Einbeziehung der in der Forschungsstelle für chemische Toxikologie der Akademie der Wissenschaften der DDR durchgeführten Arbeiten die bisher zur Alkylierungsproblematik insektizider Phosphorsäureester vorliegenden chemisch-toxikologischen Befunde im Sinne einer Zwischenbilanz zusammenzufassen.

2. Spätschadeneffekte pestizider Phosphorsäureester

2.1. *Mutagene Effekte*

Die Mutagenitätsprüfung einer Reihe phosphororganischer[2] Pestizide hat gezeigt, daß nicht nur die als Chemosterilantien einsetzbaren Äthyleniminderivate (z. B. TEPA[3] und THIOTEPA [1]), sondern — wenn auch in geringerem Ausmaß — Alkylester von Säuren des tetraedrischen Phosphors genetisch wirksam sind. Wie aus der Zusammenstellung in Tab. 1 hervorgeht, resultieren die meisten Befunde vorerst aus in-vitro-Untersuchungen an Einzellern. Eine Extrapolation dieser Ergebnisse auf höhere Organismen, etwa zum Zwecke einer Risiko-Beurteilung für den Menschen, gilt als unzulässig [2, 3]. Es überrascht daher nicht, wenn sich phosphororganische Pestizide, die bei Mikroorganismen deutlich mutagen wirken, im Dominanten-Letal-Test an der Maus als inaktiv erweisen (z. B. Dichlorvos [4]). Für Trimethylphosphat [5] und Trichlorphon [6, 7] ist die mutagene Wirkung am Warmblüter gesichert. Chromosomenschäden an Lymphozyten nach Kontakt [8] oder akuter Vergiftung [9] mit Phosphorsäurealkylestern deuten darauf hin, daß Pestizide dieses Typs auch für den Menschen ein genetisches Risiko darstellen können.

Tabelle 1
Befunde über die genetische Wirkung von Phosphorsäurealkylestern im Zeitraum 1968–1975

Jahr	Verbindung	Wirkung	Lit.
1968	Dichlorvos	Chromosomenaberrationen an pflanz. Zellen	[10]
1969	Dichlorvos	Chromatidenbrüche an pflanzl. Zellen	[11]
1970	Trimethylphosphat	mutagen im Dominanten-Letal-Test an der Maus	[5]
	Dichlorvos	Reversion auxotropher Mutanten von E. coli zur Prototrophie	[12]
1971	Trimethyl- und Triäthylphosphat	mutagen bei Phagen T4V	[13]
1972	Dichlorvos	Reversion auxotropher Mutanten von E. coli zur Prototrophie	[14]
		mitotische Genkonversionen bei Sacch. cer.	[15]
		Erhöhung der Reversionsrate von Serratia marc.	[16]
		mutagen bei Salmonella typh., Klebs. pneumon. und E. coli K-12 in vitro	[17]
1973	Bidrin, Dichlorvos, Dimethoat, Oxydemetonmethyl	mitotische Genkonversionen bei Sacch. cer.	[18]
	Dichlorvos	Vorwärtsmutation zur Streptomycin-Resistenz in E. coli	[19]
		mutagen bei E. coli (pol A$^-$)	[20]
		mutagen bei Salmonella typh. his C117 und Pseudomonas aerug.	[21]
		mutagen bei E. coli (5-Methyltryptophan-Resistenz)	[22]
	Dichlorvos, Dimethoat; Methylparathion	Vorwärtsmutation zur 5-Methyltryptophan-Resistenz in E. coli K-12	[23]
	Dimethoat, Methylparathion, Trichlorphon	Chromatidenaberrationen an menschlichen Lymphozytenkulturen nach Umgang mit phosphororganischen Pestiziden	[8]
	Parathion	Chromosomenschäden beim Meerschweinchen in vivo	[24]

Tabelle 1 (Fortsetzung)

Jahr	Verbindung	Wirkung	Lit.
1974	Dichlorvos, Methylparathion, Trichlorphon	Chromosomenbrüche an menschlichen Lymphozytenkulturen nach akuter Vergiftung	[9]
	Oxydemetonmethyl	mutagen bei Drosophila melanogaster	[25]
	Dichlorvos, Dimethoat, Methylparathion	mitotische Genkonversionen bei Sacch. cer. (ade 2 und trp 5)	[26]
	Dichlorvos	Chromosomenaberrationen bei Drosophila	[27]
1975	Trichlorphon	mutagen im Dominanten-Letal-Test an der Maus	[6, 7]

2.2. *Teratogene Effekte*

Im Tierexperiment wurden embryotoxische und teratogene Effekte pestizider Phosphorsäureester an verschiedenen Spezies beobachtet. Mißbildungen, meist in Form von Skelettanomalien, resultieren bei der Behandlung befruchtungsfähiger Geflügeleier mit Azodrin [28], Bidrin [29], Ciodrin [29], Diazinon [30], Dichlorvos [29], Malathion [31, 32], Parathion [30, 33, 34] und Phosphamidon [29]. An der Ratte erwiesen sich Diazinon, Dichlorvos und Parathion [35], an der Maus Demeton [36], Fenthion [36] und Methylparathion [37] nach intraperitonealer Applikation als schwache Teratogene. Im Falle des eingehend untersuchten Dichlorvos ergaben sich dagegen bei oraler [38] und inhalativer [39] Applikation an Kaninchen bzw. Ratten negative Befunde. Trichlorphon führt nach Verabreichung an gravide Mäuse zu abnorm großen Incisivi der Feten [40], während Äthyltrichlorphon eindeutig Fehlbildung (Exencephalien, Ektopien) hervorruft [41]. An der Ratte erwies sich Trichlorphon nach Inhalation als teratogen [42]. In zusammenfassenden Darstellungen findet sich erstmals 1972 eine Berücksichtigung tierexperimenteller Befunde zur teratogenen Wirkung von phosphororganischen Pestiziden [43]. Beim Menschen wurde das Absterben von Feten und die Mißbildung der kindlichen Extremitäten nach Vergiftungen mit Methylparathion beobachtet [44].

2.3. *Cancerogene Effekte*

Für phosphororganische Pestizide findet sich in der wissenschaftlichen Literatur der erste Hinweis auf eine mögliche cancerogene Wirkung bei R. Preussmann [45], der in diesem Zusammenhang das Trichlorphon nennt. Man kann jedoch die Frage nach der cancerogenen Wirkung phosphororganischer Verbindungen nicht losgelöst von den präcarcinogenen Wirkungen stellen. Insbesondere die hepatotoxischen und hämatotoxischen Effekte verdienen hierbei besondere Beachtung. Leberparenchymschäden durch phosphororganische Pestizide wurden bereits 1954 von Maruyama [46] und 1956 von Maresch [47] beschrieben. In den darauf folgenden Jahren finden sich einzelne weitere Hinweise in der Fachliteratur [48—50]. Bemerkenswert ist hierbei, daß die Frage nach den Leberschäden durch phosphororganische Verbindungen auch aus militärmedizinischer Sicht interessant geworden ist, da auf diesem Gebiet zunächst unerwartete versicherungsrechtliche Probleme für ehemalige Arbeiter aus den Kampfstoffproduktionsstätten der faschistischen deutschen Wehrmacht entstanden waren [51, 52]. Auch die hämatotoxischen Wirkungen phosphororganischer Pestizide sind bereits seit zwanzig Jahren bekannt. Für das Parathion hat Reinl 1956 solche Beobachtungen mitgeteilt [53], hingegen hält Namba noch 1971 die hämatotoxische Problematik bei phosphororganischen Pestiziden für unbedeutend bzw. auf Einzelfälle beschränkt [54], wobei er sich im wesentlichen auf Befunde von v. Kaulla und Holmes stützt [55]. Es existieren jedoch in der Literatur noch weitere Angaben, die die hämatotoxische Wirkung phosphororganischer Verbindungen belegen [56—59].

Auf diesen Befunden zur hämatotoxischen und hepatotoxischen Wirkung phosphororganischer Pestizide aufbauend, haben wir in Kooperation mit der Abteilung präventive Onkologie des Zentralinstitutes für Krebsforschung der AdW der DDR, Berlin-Buch, 1969 für Trichlorphon mit tierexperimentellen Untersuchungen begonnen, die dann auch auf Dimethoat sowie auf Derivate des Trichlorphons ausgedehnt worden sind. Erste Resultate konnten 1971 und 1973 publiziert werden [60, 61].

Die Testung von Trichlorphon und Dimethoat auf Cancerogenität wurde an Wistar-Ratten einer Koloniezucht sowie an AB-Mäusen durchgeführt. Die Beobachtung der Tiere erfolgt bis zum Spontantod. An den Tieren wurden folgende Untersuchungen vorgenommen:

- Blutausstrich und Leukozytendifferentialzählung
- Leukozytenzählung
- zytologische Beurteilung von Femurmarkausstrichen
- histologische Knochenmarkuntersuchungen von Wirbelkörpern und Femur
- histologische Untersuchungen aller Organe.

Alle Tiere, die länger als 6 Monate im Versuch standen, zeigten mehr oder weniger starke hepatotoxische Schädigungen, die von der Steatose, Stauung, Einzelzell- und Gruppenzellnekrose bis zur Fibrose und Zirrhose reichten.

Auf Grund der hämatologischen Befunde mußte bei einer beträchtlichen Zahl der Versuchstiere die Diagnose einer Myeloproliferation mit zum Teil gleichzeitiger extraossärer myeloider Metaplasie gestellt werden entsprechend dem myeloproliferativen Syndrom beim Menschen. Ein Übergang dieser Befunde in eine myeloische reifzellige Leukose ist möglich (Präleukose). Der erste maligne Tumor wurde am 353. Versuchstag nach einer Gesamtdosis von 50 mg Dimethoat/kg Körpergewicht gesehen. Hierbei handelt es sich um eine maligne Retikulose. Weitere Einzelheiten über Lokalisation der Geschwülste, über Lebenszeit sowie verabfolgte Gesamtdosis pro kg Körpergewicht werden aus Tab. 2 und 3 ersichtlich.

Die cancerogene, hepatotoxische und hämatotoxische Wirkung von Trichlorphon und Dimethoat konnte im Tropfversuch auch bei Mäusen erwiesen werden.

Tabelle 2
Tumorlokalisation und histologische Diagnose nach Applikation von Trichlorphon bei Ratten [61]

Histo-Nr.	Einzeldosis mg/kg	Gesamtdosis mg/kg	Applikation	Überlebenszeit Tage	Maligne Tumoren	Histologie
24	15	186	oral	440	Lungenkarzinom	Plattenepithel-Ca.
41	15	192	oral	450	Maligne Retikulose	
85	15	252	oral	562	Milzsarkom	Retikulumzellsarkom
94	15	243	oral	569	Milzsarkom	Retikulumzellsarkom
142	15	303	oral	710	Leberkarzinom	Hepatozelluläres Ca.
148	15	309	oral	724	Oberkiefersarkom	Fibrosarkom
177	15	348	oral	813	Ca. in situ Vormagen	
22	15	183	i. m.	433	Maligne Retikulose	
46	15	216	i. m.	510	Lebersarkom	Fibrosarkom
88	15	249	i. m.	549	Milzsarkom	Retikulumzellsarkom
103	15	267	i. m.	629	Milzsarkom	Retikulumzellsarkom

Tabelle 3
Tumorlokalisation und histologische Diagnose nach Applikation von Dimethoat bei Ratten [61]

Histo-Nr.	Einzel-dosis mg/kg	Gesamt-dosis mg/kg	Appli-kation	Über-lebens-zeit Tage	Maligne Tumoren	Histologie
18	5	50	oral	353	Maligne Retikulose	
44	5	77	oral	538	Milzsarkom mit diff. Metastasen	Retikulumzell-sarkom
21	15	237	oral	558	Kolonsarkom	Polymorphzelliges Sarkom
71	15	237	oral	558	Milzsarkom mit Pankreasmetastasen	Retikulumzell-sarkom
118	15	291	oral	680	Leberkarzinom	Hepatozelluläres Karzinom
27	30	256	oral	451	Lebersarkom	Fibrosarkom
49	30	522	oral	609	Maligne Retikulose	
136	30	594	oral	697	Milzsarkom	Retikulumzell-sarkom
168	30	690	oral	810	Milzsarkom	Retikulumzell-sarkom
20	15	174	i. m.	410	Milzsarkom	Fibrosarkom
74	15	234	i. m.	551	Weichteilsarkom	Spindelzellsarkom
89	15	246	i. m.	572	Ovarialsarkom	Alveoläres Sarkom
177	15	279	i. m.	655	Maligne Retikulose	
125	15	327	i. m.	667	Milzsarkom	Retikulumzell-sarkom
128	15	291	i. m.	683	Leberkarzinom	Hepatozelluläres Karzinom

Gegenwärtige Untersuchungen beschäftigen sich mit einer möglichen transplazentaren cancerogenen Wirkung von Trichlorphon und Dimethoat, die noch nicht abgeschlossen sind. Bei diesem Versuch wurde trächtigen Ratten in der 2. Hälfte der Gravidität Trichlorphon bzw. Dimethoat verabreicht. Die so behandelten Muttertiere zeigten bisher keinerlei Geschwulstwachstum, während ein relativ großer Prozentsatz der Jungtiere bereits an einer Geschwulst verstarben [62].

Ein weiterer Test auf Cancerogenität wird mit Äthyltrichlorphon und Desmethyltrichlorphon durchgeführt. Ohne den erst Ende 1976 zu erwartenden

Ergebnissen vorgreifen zu wollen, haben wir bisher den Eindruck gewonnen, daß bei beiden Substanzen die cancerogene Wirkung nicht so ausgeprägt in Erscheinung tritt wie beim Trichlorphon bzw. Dimethoat.

Auch an dieser Stelle sei noch einmal mit Nachdruck unterstrichen, daß voreilige Schlußfolgerungen aus diesen tierexperimentell gefundenen Resultaten für die Verhältnisse beim Menschen nicht gezogen werden dürfen. Allerdings lassen sich bereits aus den vorliegenden Befunden Ableitungen treffen, die einerseits in Empfehlungen für Arbeitsschutz- und Sicherheitsvorkehrungen sowie andererseits in eine weitere Intensivierung der Forschung auf diesem Gebiet umgesetzt werden müssen.

3. Spätschadenwirkung und Alkylierungsvermögen

3.1. *Allgemeines*

Mutagene, teratogene und cancerogene Effekte, wie sie im vorangegangenen Abschnitt für pestizide Phosphorsäureester aufgeführt wurden, sind charakteristische Spätschadenwirkungen sogenannter Bioalkylantien, d. h. von Verbindungen, die in vivo einen Alkylrest auf biogene Acceptoren übertragen können. Je nachdem, ob derartige Verbindungen in einer unmittelbar alkylierend wirkenden Form vorliegen oder erst durch chemische Veränderungen im Organismus in eine solche übergeführt werden, spricht man von direkten oder indirekten Alkylantien. Zu den ersteren gehören u. a. viele der auch in der Synthesechemie zu Alkylierungszwecken benutzten Agentien, wie hinreichend reaktive Alkylhalogenide, gespannte Heterocyclen vom Epoxid-, Äthylenimin- oder Lacton-Typ oder Alkylester starker Säuren [63, 64]. Als indirekte Alkylantien fungieren z. B. Dialkylnitrosamine, Nitrosoalkylharnstoffe, Nitrosoalkylurethane, 1,2-Dialkylhydrazine und Azo- bzw. Azoxyalkane, denen wahrscheinlich die Eigenschaft gemein ist, nach Metabolisierung in vivo entsprechende Alkyldiazonium-Kationen als alkylierende Wirkform zu bilden [65].

Die erste tierexperimentelle Beobachtung über die mutagene Wirkung alkylierender Agentien wurde während des 2. Weltkrieges am Bis-[2-chloräthyl]-sulfid, einem Kampfstoff der Lostgruppe, gemacht und stellt den ersten Nachweis einer chemisch induzierten Mutation überhaupt dar [66]. In rascher Folge sich anschließende Untersuchungen ergaben, daß Bis-[2-chloräthyl]-amine [67], Dialkylsulfate [68], Alkylsulfonate [69], Äthylenimine [70], Epoxide [71] und eine Reihe anderer Alkylantien ebenfalls ausgeprägte Mutagene sind [72]. Auch die cancerogene Wirkung alkylierender Agentien wurde experimentell zuerst an Lost-Derivaten beobachtet [73]. Beim Menschen manifestierten sich durch Loste hervorgerufene Spätschäden zunächst in Carcinomen der Atemorgane [74, 75], doch sind inzwischen weiterreichende Befunde bekannt geworden [76]. Systematische Studien führten dann zur Entdeckung der Cancerogenität von Äthyleniminen [77], Epoxiden [78], Lactonen [79], Alkylhalogeniden [80], Schwefel- und Sulfonsäurealkylestern [80, 81] sowie zahlreicher indirekter Alkylantien [65]. Analoge Befunde liegen über die teratogene Wirkung alkylierender Verbindungen vor [65, 82].

Über den kausalen Zusammenhang zwischen den Spätschadeneffekten und den alkylierenden Eigenschaften der genannten Verbindungen besteht kein Zweifel: Strukturelle Veränderungen, die den Verlust der alkylierenden Wirkung zur Folge haben, führen auch zum Erlöschen der Spätschadenwirkung [83]. Als Angriffspunkte für alkylierende Agentien im Organismus kommen die nucleophilen Zentren der verschiedensten Biomoleküle in Frage. Abgesehen von Wasser sind dies vor allem Strukturelemente wie $-SH$, $-NH_2$, $-OH$, $=N-$, $-COO^-$, $-HPO_4^{2-}$ u. ä. in Proteinen, Enzymen, Nucleinsäuren und anderen Zellbestandteilen. Je nach der biologischen Bedeutung der betroffenen Moleküle und ihrer Ersetzbarkeit wird auch die toxische Wirkung verschiedenartig sein. Die Alkylierung von physiologisch wichtigen Proteinen, insbesondere Enzymen, wird in Abhängigkeit von der Dosis zu mehr oder weniger ausgeprägten akuten Vergiftungserscheinungen führen, die aber — wenn sie nicht letal sind — meist reversibel sein werden. Erfolgt die Alkylierung dagegen an Nucleinsäuren, so ist mit irreversiblen und summationsfähigen Effekten zu rechnen, insbesondere bei einer gleichzeitigen Schädigung von Enzymen, die für Repairprozesse der DNS verantwortlich sind. Der Angriff insbesondere an der DNS dürfte damit der entscheidende, der *genotoxischen*[4] Wirkung zugrunde liegende Schritt sein.

3.2. *Alkylierungsreaktionen an Nucleinsäuren in vitro und in vivo*

Untersuchungen zur Wirkung alkylierender Reagentien auf Nucleinsäuren wurden zunächst in vitro an Nucleosiden oder Nucleinbasen [84] und an RNS- und DNS-Präparaten durchgeführt, die aus definierten Zellen oder Organen gewonnen wurden. Die Verhältnisse in vivo werden dadurch nur teilweise wiedergegeben, da Nucleinsäuren in vivo als Nucleoproteide vorliegen und die als Hüllproteine fungierenden Histone als basische Proteine zahlreiche Zentren erhöhter basischer Reaktivität enthalten, so daß in vivo vor dem Eindringen der alkylierend wirkenden Substanz in die DNS- bzw. RNS-Helix bereits Reaktionen an den Aminosäuren der Histone stattfinden können.

Wie man aus Abb. 1 erkennt, sind aus Alkylierungen der an den H-Brückenbindungen der Nucleinbasen beteiligten Zentren, d. h. N-1 am Guanin und

Adenin, N-3 am Cytosin und Thymin sowie O-6 am Guanin und O-4 am Thymin (entsprechend den bisher experimentell ermittelten Angriffspunkten alkylierender Reaktionen an DNS, siehe Tab. 4 bis 6) die eindeutigsten biologischen Effekte zu erwarten, da hier die Brückenbindung infolge der Alkylie-

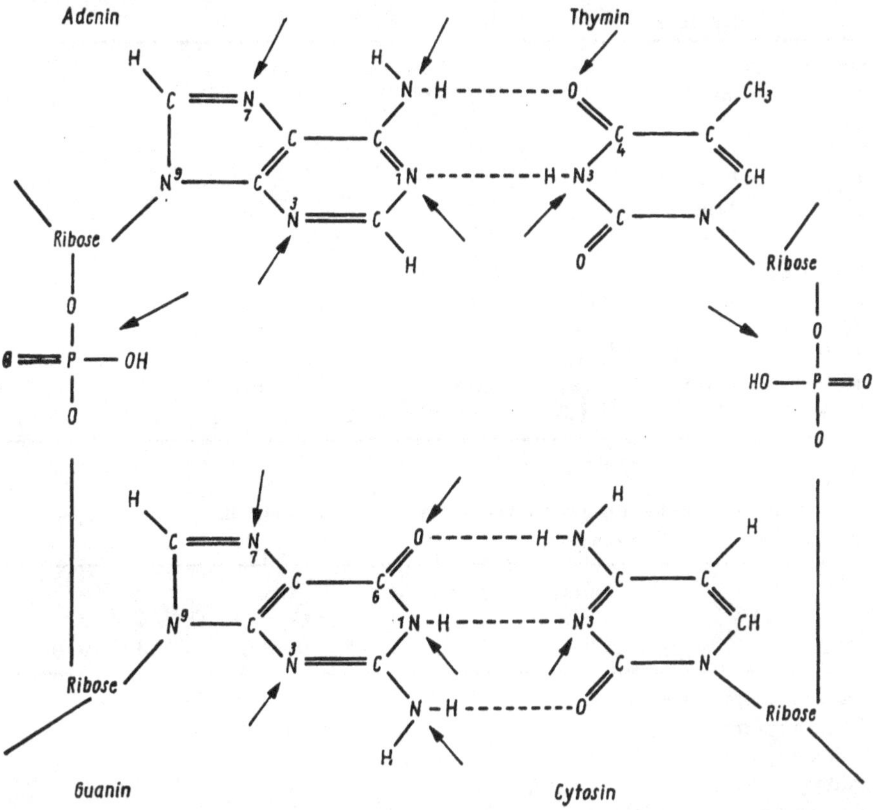

Abb. 1 Ausschnitt aus der DNS-Helix mit nucleophilen Zentren (↗), an denen experimentell nachgewiesene Alkylierungen stattfinden, s. in [86].

rung gebrochen wird. Alkylierungen am N-3 und N-7 der Purinbasen sollten die Tautomerieverhältnisse im Ringsystem verschieben, wodurch Beeinflussungen der Stabilität der H-Brückenbindungen verursacht werden; ob dadurch falsche Basenpaarungen möglich werden, ist z. Z. noch nicht eindeutig geklärt (siehe dazu unter 3.3.). Die im äußeren Bereich der DNS-Helix liegenden N-7 und N-3 der Purinbasen sollten auf Grund der sterischen

Tabelle 4
Verteilung der Alkylierungsprodukte von Nucleinsäuren in Viruspartikeln; zit. nach [86]

		Alkylierungsprodukt				
		A			G	C
Virus	Reagens	1	3	7	7	3
DNA-Gehalt						
T2	MeMS	2	17–20		77–81	
T2	EtMS		8		92	
T4	Lost		22–26		76	
T4	1/2 Lost		17–25		75–83	
T7	Lost		17		83	
T7	1/2 Lost		20		80	
RNA-Gehalt						
u2	Lost	13	2		84	2
u2	1/2 Lost	6	1		90	3
TMV	Me_2SO_4	1	n. n.	2	97	0,2
TMV	MeMS	0,7	n. n.	0,4	97	1,7
TMV	MeNNG	6,3	4,9	6	48	35

Tabelle 5
Verteilung der Alkylierungsprodukte nach neutraler Alkylierung von DNS *in vitro*; zit. nach [86]

		Alkylierungsprodukt								
		A				G		C	T	
DNA aus:	Reagens	1	3	7	3	0–6	7	3	3	0–4
Salmon sperm	MeMS	2–5	9–11				86	1		
Salmon sperm	Me_2SO_4	3	18			0,2	76	2		
Salmon sperm	MeNNG	1	11			7	72	2		
Salmon sperm	MeNU	0,4–2,3	8	2	0,8	7	79	0,9	0,3	0,2–0,6
Salmon sperm	MeNU	1,5	11	2,6	1,1	7,5	75	0,7	0,3	0,1
Kalbsthymus	MeMS	4	10				86	n. n.		
Kalbsthymus	Me_2SO_4	1,7	20	2	0,9		75	n. n.		
Escherichia coli	MeMS	1	8				91	n. n.		
HeLa	Et_2SO_4	2	10	1,5	0,9	0,2	67	0,7	n. n.	
HeLa	EtMS	2	4,4	1,4	0,7	0,2	75	0,8	n. n.	
HeLa	EtNU	0,2	4,2	0,2	0,6	12	11	0,2	0,8	
T2	MeMS	2	20				78	n. n.		
T4	MeMS	3	17				80	n. n.		
T7	Lost		16				84			

Tabelle 6
Verteilung der Alkylierungsprodukte nach Alkylierung von Nucleinsäuren *in vivo* in Ratten oder Zellen, zit. nach [86]

		Alkylierungsprodukt						
		A			G			C
NS aus:	Reagens	1	3	7	3	0–6	7	3
DNA								
Rattenleber	Me_2NA	7–9	7–9				77–82	1–7
Rattenleber	Me_2NA	0,4	5		0,7	9	85	
Rattenleber	MeMS	0,6	7,2		0,9	n. n.	91	
Rattenleber	MeMS	1	9,7	0,9	0,7		86	0,5
L-Zellen	MeNNG	1	7			6	70	2
L-Zellen	MeNU		5,4			3,5	64	
L-Zellen	MeMS		9,5			0,3	72	
L-Zellen	Me_2SO_4	n. n.	11–15			1	71–84	n. n.
HeLa-Zellen	Et_2SO_4	0,3	4	0,5	0,2	1,6	71	0,5
HeLa-Zellen	EtMS	0,1	2,2	0,7	0,4	0,3	81	0,1
HeLa-Zellen	EtNU	0,1	4,6	1,3	1,5	7,5	17	0,3
RNA								
Rattenleber	Me_2NA	3–5	1,3–3,5				85–97	2–6
Rattenleber-Ribosomen	Me_2NA	1,6	0,9	1,6		3,7	82	3
Rattenleber-Ribosomen	MeMS	9,6	2,6	0,8		1,4	75	8,7
Kaninchen-Reticulozyten-Ribosomen	MeNU	1,3	n. n.	2–3	n. n.	3–4	80	2–4
Kaninchen-Reticulozyten-Ribosomen	Me_2SO_4	9	1	1	0,5	0,2	74	9

Verhältnisse leichter angegriffen werden als die im inneren Bereich liegenden N-1 und O-6 der Purinbasen und N-3 und O-4 der Pyrimidinbasen.

Zur Frage der Abhängigkeit des Angriffsortes alkylierender Reagentien an Nucleinsäuren vom Reaktionsmechanismus wurden von Lawley 1974 zusammenfassende Ergebnisse mitgeteilt [85], die in Tab. 7 enthalten sind. Damit stehen Beziehungen zwischen chemischer Struktur bzw. Reaktionsmechanismus (S_N1 oder S_N2 und Swain-Scott-Konstante) und dem bevorzugten Angriffsort in Nucleinsäuren (O-6 und N-7 am Guanin) zur Verfügung, die wertvolle Abschätzungen der genotoxischen Aktivität alkylierender Substanzen aus Daten ihres chemischen Reaktionsverhaltens gestatten.

Tabelle 7
Relative Anteile von O-6-Alkylierung im DNS-Guanin in Relation zur Reaktivität alkylierender Reagentien, zit. nach [85], ergänzt nach persönl. Mitteilung von P. D. LAWLEY

Reagens und Mechanismus		Swain-Scott-Konstante s	Verhältnis O-6/N-7 Alkylierung in Guanin aus DNS	Verhältnis der Strangbrüche in RNS aus R 17-Phagen
DMS	S_N2	—	—	0,0
MMS	S_N2	0,83	0,004	0,0
EMS	S_N1/S_N2	0,67	0,03	0,15
MNUA	S_N1	0,42	0,1	0,18
MNNG	S_N1	0,42	0,1	0,18
IPMS	S_N1	0,29	0,3	0,34
ENUA	S_N1	0,26	0,7	0,30

N-Nitrosoverbindungen reagieren nach dem S_N1-Mechanismus und greifen neben anderen O-6 am Guanin an, während die Ester starker Säuren, z. B. Dimethylsulfat nach S_N2 reagieren und bevorzugt N-7 am Guanin alkylieren. In Tab. 7 ist außerdem eine Korrelation zu Strangbrüchen in Phagen-RNS erkennbar. 1975 wurden von SINGER [86] die chemischen Effekte der Alkylierung von Nucleinsäuren und ihre Relation zur Mutagenese und Cancerogenese zusammengefaßt; die Tab. 4, 5 und 6 wurden dieser Arbeit entnommen und enthalten die Verteilung der Alkylierungsprodukte in Nucleinsäuren unterschiedlichen biologischen Ursprungs sowohl in vitro als auch in vivo. Insgesamt bestätigen sich die Feststellungen, daß O-6 am Guanin bevorzugt von N-Nitrosoverbindungen und in geringem Maße von Äthyl-Estern angegriffen wird; beim Dimethylsulfat wurden nur weniger als 0,2% O-6 MeG (O-6-Methylguanin) gemessen. Die Phosphatbindungen in Nucleinsäuren werden ebenfalls alkylierend angegriffen. In DNS wurden durch Äthylester (EMS) 15% und durch Methylester (MMS) nur 1% der Gesamt-Alkylierungsprodukte an den Phosphatbindungen gefunden [87]; mit DMNA ergaben sich 10–12% der Methylierungsprodukte in DNS in vivo als Alkylphosphate [88].

3.3. *Mögliche Beziehungen zwischen Alkylierung und Mutagenese oder Cancerogenese*

In der Definition der Molekularbiologie erscheint die Mutagenese als Umwandlung einer Nucleinsäure-Base in eine andere und einer dadurch hervorgerufenen Fehlcodierung; zum molekularen Mechanismus der Mutagenese und Cancerogenese siehe Lawley et al. [89] und Magee [90]. Derartige Basenumwandlungen, wie sie z. B. durch Alkylierung der Nucleinbasen entstehen, konnten nicht immer in Korrelation zu mutagenen Effekten gebracht werden.

Als sicher können heute folgende Tatsachen gelten:

a) O-6 MeG und N-3 MeC gehen falsche Basenpaarungen ein, wie durch Inkorporierung in Polynucleotide gezeigt werden konnte; bei TMV-Viren besteht eine Korrelation zwischen N-3-Alkylierung von Cytosin und mutagener Wirkung.

b) Das Hauptprodukt der Alkylierung an DNS und RNS, N-7 MeG geht in Polynucleotiden normale Basenpaarungen ein; diese und andere Beobachtungen lassen den Schluß zu, daß die Bildung von N-7 MeG nicht mutagene Folgereaktionen verursachen muß. Andererseits wird N-7-Alkyl-desoxy-guanosin und N-3-Alkyl-desoxy-adenosin in DNS sowohl in vitro als auch in vivo schnell depuriniert; aus der Alkylierung der Phosphatbindung (Bildung von Phospho-triestern) resultieren Kettenbrüche, und beide Reaktionen führen zumindest zur Inaktivierung der DNS.

Daraus ergibt sich die Schlußfolgerung, daß Mutationen wahrscheinlich nur bei der Alkylierung spezieller Zentren in den Nucleinbasen entstehen (O-6 in Guanin und N-3 in Cytosin), während die Alkylierung allgemein primär letale Effekte an Nucleinsäuren auslöst. Als solche könnten möglicherweise embryotoxische und teratogene Wirkungen angesehen werden.

Zwischen Mutagenese und Cancerogenese konnten bisher keine eindeutigen Korrelationen erkannt werden; in zunehmendem Umfange wird experimentell bestätigt, daß cancerogene Substanzen auch mutagene Wirkungen zeigen [90]. Die stärksten Cancerogene sind Nitrosoverbindungen, Aflatoxine sowie spezielle Kohlenwasserstoffe, während die stärksten Alkylierungsmittel Dimethylsulfat und Methylmethansulfonat schwächer cancerogen sind. Als man früher das N-7 MeG noch für besonders wirksam hielt, war bereits die nicht vorhandene Korrelation zwischen dem Gehalt verschiedener Organe an N-7 MeG und der Entstehung von Tumoren in denselben Organen aufgefallen.

In einer Reihe von Arbeiten konnten Korrelationen zwischen Alkylierungsprodukten und der cancerogenen Wirkung erkannt werden. Nitrosomethylharnstoff erzeugt Hirntumoren nach i. v.-Injektion, und in Rattenhirn-DNS konnten 12% (bezogen auf Gesamt-Alkylierung) als O-6 MeG identifiziert werden; bei Methylmethansulfonat konnten in diesen Experimenten weder Tumoren erzeugt noch O-6 MeG nachgewiesen werden [91] (zur cancerogenen Wirkung von MMS siehe auch [80]). Denselben Zusammenhang fand man bei Dimethylnitrosamin und Methylmethansulfonat an Lebertumoren; auch hier wurden 12% O-6 MeG beim cancerogenen Nitrosamin nachgewiesen [92]. Die anderen in geringen Mengen gefundenen Alkylierungsprodukte wie N-1 MeA, N-3 MeA und N-3 MeC waren bei beiden Verbindungen in ähnlichen Konzentrationen vorhanden. O-6 MeG scheint also auch bei cancerogenen Wirkungen eine Rolle zu spielen, aber die gefundene schnelle Ausscheidung der alkylierten Basen in vivo im Gegensatz zu ihren quantitativ und qualitativ unterschiedlichen Geschwindigkeiten der Depurinierung in vitro (gefunden bei N-3 MeA, N-7 MeG und O-6 MeG) läßt eine eindeutige Korrelation bisher nicht zu (siehe auch unter 5.2.).

4. Alkylierungsvermögen pestizider Phosphorsäureester gegenüber Nucleophilen in vitro

Die im Zusammenhang mit der Alkylierungsproblematik interessierenden pestiziden Phosphorverbindungen lassen sich, von einigen Ausnahmen abgesehen, auf die allgemeine Formel $(RO)_2P(Z)R'$ zurückführen, in der R = Alkyl und Z = O oder S bedeuten. Je nach Struktur des Restes R' handelt es sich um Dialkylester von Phosphon- (R' = Alkyl; Z = O), Phosphor- (R' = Alkoxy, Aroxy; Z = O) oder Thiolphosphorsäuren (R' = Alkylmercapto, Arylmercapto; Z = O) bzw. ihrer Thionoanaloga (Z = S). Derartige Säurederivate des tetraedrischen Phosphors fungieren vorzugsweise als Elektrophile und unterscheiden sich damit charakteristisch von Säurederivaten des dreibindigen Phosphors, deren reaktives Verhalten weitgehend durch die Nucleophilie des Phosphoratoms bestimmt wird.

Alkylester vom Typ $(RO)_2P(Z)R'$ bieten dem nucleophilen Angriff prinzipiell zwei elektrophile Positionen dar: das Phosphoratom und das α-Kohlenstoffatom eines Alkylesterrestes. Im ersten Falle kommt es unter anionischem Austritt eines Substituenten zur

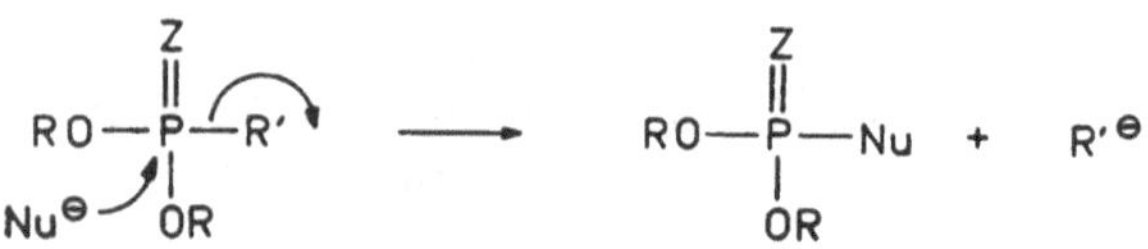

Gl. (1)

 Gl. (2)

Phosphorylierung [Gl. (1)], im zweiten unter Bildung eines Säureanions zur Alkylierung [Gl. (2)] des angreifenden Nucleophils. Je nach Art des Esters, des Nucleophils und der Reaktionsbedingungen tritt entweder bevorzugt Phosphorylierung oder Alkylierung ein, doch können beide Substitutionsreaktionen auch in größerem Ausmaß nebeneinander ablaufen. Mit weiteren, u. U. dominierenden Konkurrenzreaktionen ist zu rechnen, wenn im Substituenten R′ ebenfalls Angriffsmöglichkeiten für nucleophile Reaktionspartner bestehen, z. B. bei Pestiziden mit deprotonierbaren Strukturelementen (vgl. Abschnitt 4.1.).

Während die Phosphorylierung auf Grund ihrer Bedeutung für die Acetylcholinesterase-Hemmung und als hydrolytische Abbau- und Entgiftungsreaktion phosphororganischer Pestizide Gegenstand umfangreicher reaktionskinetischer Untersuchungen war [93], wurde die Alkylierung bisher vorwiegend unter synthetischen Gesichtspunkten bearbeitet [94, 95]. Kinetische Daten und damit quantitative Aussagen über das Alkylierungspotential von Phosphorsäurealkylestern standen nur in untergeordnetem Maße zur Verfügung [96—100]; Pestizide blieben so gut wie unberücksichtigt. Erst in jüngster Zeit werden diese praktisch bedeutsamen Verbindungen unter dem Aspekt eines möglichen Zusammenhanges zwischen alkylierender und genotoxischer Wirkung verstärkt in kinetische Studien einbezogen [101—105].

Zur Einschätzung des Alkylierungspotentials der in der DDR zur Anwendung gelangenden Wirkstoffe Trichlorphon, Butonat, Dichlorvos, Dimethoat und Methylparathion wurde — wie nachfolgend näher ausgeführt — die Kinetik ihrer Entalkylierungsreaktionen mit verschiedenen Nucleophilen untersucht. Unter standardisierten Bedingungen spiegelt die Geschwindigkeit dieser Reaktionen das Alkylierungsvermögen der jeweiligen Wirkstoffe in quantitativer Form wider.

4.1. *Reaktivität gegenüber Trialkylaminen*

Nach kinetischen Untersuchungen von Chabrier und Mitarbeiter [96, 100] werden Ester des Typs $(RO)_2P(Z)R'$ in aprotischen Solventien, z. B. Aceton, durch Trialkylamine gemäß Gl. (3) im Sinne einer S_N2-Reaktion entalkyliert. Um die hierbei ermittelten Geschwindigkeitskonstanten für Reaktivitätsvergleiche heranziehen zu können, wurden die Umsetzungen der Pestizide Tri-

Gl. (3)

chlorphon, Butonat, Dichlorvos, Dimethoat und Methylparathion zunächst unter analogen Bedingungen mit Trimethyl- und Triäthylamin in Aceton als Lösungmittel durch potentiometrische Amintitration verfolgt. Die Reaktionen der drei letztgenannten Pestizide gehorchen, wie das in Abb. 2 als Beispiel dargestellte 1/[A]-t-Diagramm der Umsetzung von Methylparathion mit Triäthylamin zeigt,

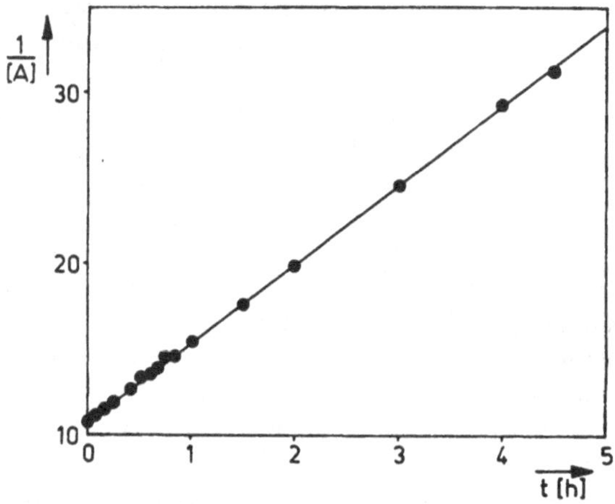

Abb. 2 1/[A]-t-Diagramm der Reaktion von Methylparathion mit Triäthylamin in Aceton bei 61 °C, [A]: Konzentration der Reaktanten in Mol/l [103].

über einen weiten Bereich gut dem Geschwindigkeitsgesetz 2. Ordnung. Eine bei den schwefelhaltigen Phosphorsäureestern Dimethoat und Methylparathion mögliche Umwandlung der Thiono- in die Thiolverbindung [94, 106] konnte im untersuchten Temperaturbereich durch NMR-spektroskopische Produktanalyse ausgeschlossen werden. Die resultierenden Geschwindigkeitskonstanten sind in Tab. 8 unter Einbeziehung von Trimethylphosphat als Bezugssubstanz zusammengestellt und zeigen folgende Reaktivitätsabstufung:

Methylparathion > Dichlorvos > Dimethoat > Trimethylphosphat.

Die Aktivierungsparameter der untersuchten Entalkylierungen Tab. 9 weisen nur geringe Unterschiede auf und liegen in der für derartige S_N2-Reaktionen vorauszusehenden Größenordnung.

Tabelle 8
Geschwindigkeitskonstanten k_2 für die Umsetzungen pestizider Phosphorsäureester mit Trialkylaminen in Aceton [103]

Phosphorsäureester	Trimethylamin Temp. [°C]	Trimethylamin $k_2 \cdot 10^4$ [l/Mol · s]	Triäthylamin Temp. [°C]	Triäthylamin $k_2 \cdot 10^4$ [l/Mol · s]
Trimethylphosphat	51	0,875 ± 0,065	50	0,0496 ± 0,0054
	80	5,38 ± 0,22	80	0,363 ± 0,016
	89	8,29 ± 0,26	90	1,08 ± 0,02
	99	16,0 ± 0,9	100	1,39 ± 0,10
			110	2,49 ± 0,23
Dimethoat	21	4,37 ± 0,12	35	1,03 ± 0,05
	30,5	7,97 ± 0,20	50	3,01 ± 0,12
	40	17,3 ± 0,2	65	7,73 ± 0,16
	50	34,2 ± 1,4		
Dichlorvos	30,5	19,2 ± 0,5	51	4,33 ± 0,25
	41	38,4 ± 1,6	65	9,48 ± 0,17
	50	57,8 ± 0,6	79	20,7 ± 0,7
	60	110 ± 3	101	62,3 ± 1,3
Methylparathion	21	11,9 ± 0,5	36	3,04 ± 0,15
	30	20,9 ± 0,6	43	4,61 ± 0,33
	40	36,6 ± 1,4	50	6,87 ± 0,34
	50	79,1 ± 2,2	61	12,9 ± 0,4

Tabelle 9
Aktivierungsparameter der Reaktionen pestizider Phosphorsäureester mit Trialkylaminen in Aceton [103]

Amin	Ester	$\lg k_2 = A - B \cdot T^{-1}$ A	B	EYRING-Parameter $H^{\neq}$ [kcal/Mol]	$S^{\neq}$ [cal/grd · Mol]
$(CH_3)_3N$	Trimethylphosphat	5,58 ± 0,26	3126 ± 91	13,6 ± 0,4	−35,5 ± 1,2
	Dimethoat	6,71 ± 0,42	2969 ± 128	13,0 ± 0,6	−29,9 ± 1,9
	Dichlorvos	5,67 ± 0,39	2547 ± 123	11,1 ± 0,5	−34,6 ± 1,7
	Methylparathion	6,10 ± 0,53	2660 ± 164	11,5 ± 0,7	−32,7 ± 2,4
$(C_2H_5)_3N$	Trimethylphosphat	5,71 ± 0,64	3560 ± 229	15,6 ± 1,0	−34,7 ± 2,9
	Dimethoat	5,88 ± 0,09	3041 ± 30	13,3 ± 0,2	−33,7 ± 0,5
	Dichlorvos	5,33 ± 0,11	2820 ± 37	12,2 ± 0,2	−36,5 ± 0,5
	Methylparathion	4,86 ± 0,10	2592 ± 31	11,2 ± 0,1	−38,4 ± 0,4

Die Umsetzungen der Phosphonsäureester Trichlorphon und Butonat mit Trialkylaminen erweisen sich in Übereinstimmung mit synthetischen [107] und analytischen [108] Untersuchungen als komplexe Reaktionen, die dem Geschwindigkeitsgesetz 2. Ordnung nicht gehorchen. Wie aus Abb. 3 hervorgeht, erfahren diese Verbindungen auf Grund ihrer deprotonierbaren Strukturelemente neben der Entalkylierung eine Dehydrohalogenierung, die in beiden Fällen den bestimmenden Schritt darstellt. Trichlorphon z. B.

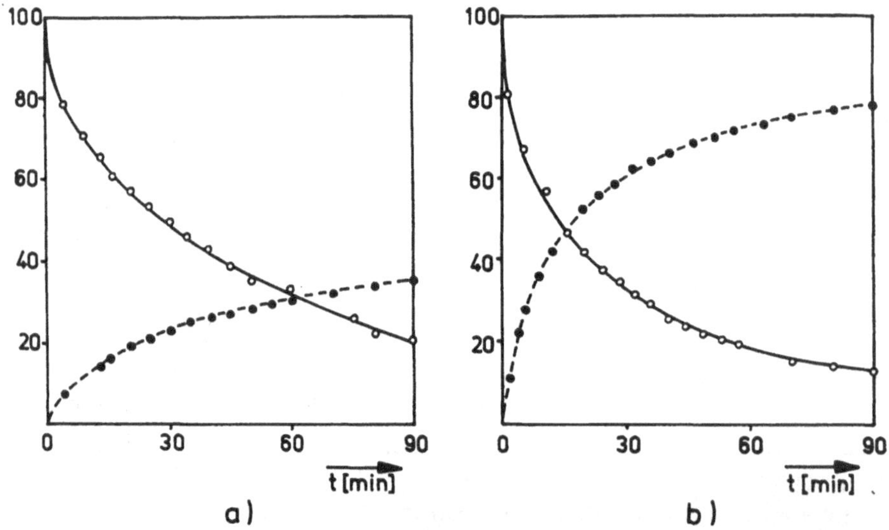

Abb. 3 Umsetzungen von Trimethylamin mit Phosphonsäureestern in Aceton, a) Trichlorphon (50 °C), b) Butonat (23 °C), —○— Aminkonzentration in %, —●— Chloridkonzentration in % [103].

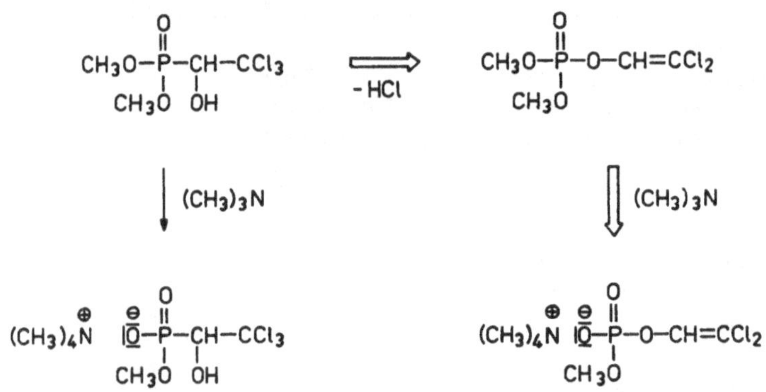

Gl. (4)

wird entsprechend Gl. (4) unter Umlagerung zu Dichlorvos dehydrohalogeniert, das seinerseits wieder einer raschen Entalkylierung unterliegt.

Ein Vergleich mit dem Alkylierungsvermögen anderer Alkylester von Säuren des tetraedrischen Phosphors zeigt, daß die Wirkstoffe Methylparathion (Tab. 10, Nr. 1), Dichlorvos (Nr. 2) und Dimethoat (Nr. 3) innerhalb der bisher untersuchten Verbindungen vom Typ $(RO)_2P(Z)R'$ zu den reaktivsten Alkylierungsmitteln zählen.

Tabelle 10
Alkylierungsvermögen verschiedener Ester vom Typ $(RO)_2P(Z)R'$ gegenüber Trimethylamin in Aceton bei 100 °C

Nr.	R	Z	R'	$k_2 \cdot 10^4$ [l/Mol · s]	$k_{rel.}$	Lit.
1	CH_3	S	$4\text{-}NO_2-C_6H_4-O$	935[1]	58	[103]
2	CH_3	O	$Cl_2C{=}CH-O$	725	45	[103]
3	CH_3	S	$CH_3NHCOCH_2S$	566[1]	35	[103]
4	CH_3	O	$4\text{-}NO_2-C_6H_4-O$	417	26	[104]
5	CH_3	O	CH_3S	76,4	4,7	[100]
6	CH_3	S	CH_3O	69,4	4,3	[100]
7	CH_3	O	C_6H_5O	64,6	4,0	[100]
8	CH_3	O	H	35,8	2,2	[100]
9	CH_3	O	CH_3O	16,2	1,0	[100]
10	CH_3	O	$C_2H_5OCOCH_2$	14,0	0,86	[100]
11	CH_3	O	C_6H_5	5,50	0,34	[100]
12	CH_3	O	$3\text{-}Cl-C_6H_4-CH_2$	5,00	0,31	[100]
13	CH_3	O	$C_6H_5-CH_2$	3,56	0,22	[100]
14	CH_3	O	$CH_2{=}CH-CH_2$	1,92	0,12	[100]
15	CH_3	O	CH_3	0,944	0,06	[100]
16	C_2H_5	O	C_2H_5O	0,075	0,005	[100]
17	$n\text{-}C_3H_7$	O	$n\text{-}C_3H_7$	0,025	0,0015	[100]

[1] Die nach $\log k_2 = A - B \cdot T^{-1}$ (vergleiche Tab. 9) extrapolierten Werte tragen im Falle des Methylparathions und Dimethoats theoretischen Charakter, da bei 100 °C im Gegensatz zu dem in Tab. 8 angegebenen Temperaturbereich bereits eine merkliche Isomerisierung erfolgt.

4.2. *Reaktivität gegenüber Alkalihalogeniden*

Um auch die beiden Phosphonsäureester Trichlorphon und Butonat in einen Reaktivitätsvergleich einbeziehen zu können, wurde die Eignung von Alkalihalogeniden als praktisch neutrale nucleophile Reaktionspartner für kinetische Untersuchungen geprüft. Von präparativen Umsetzungen her ist bekannt, daß

Alkylester von Säuren des tetraedrischen Phosphors durch Alkali- und Erdalkalihalogenide bzw. -pseudohalogenide in vielfach quantitativer Ausbeute gemäß Gl. (5) entalkyliert werden [94, 95, 109, 110]. Da die hierbei entstehenden Alkylhalogenide allerdings selbst starke Alkylierungsmittel darstellen, ist unter den Bedingungen der kinetischen Messungen in geschlossenen Systemen mit der Ausbildung eines Gleichgewichtes zwischen Ausgangs- und Endprodukten zu rechnen.

Gl. (5)

Die schwefelfreien Ester Trimethylphosphat, Trichlorphon, Butonat und Dichlorvos setzen sich mit Natriumjodid und Kaliumrhodanid in Aceton unter Einhaltung der kinetischen Gesetzmäßigkeiten von Reaktionen 2. Ordnung um. Wie die experimentelle Kontrolle der unter gleichen Bedingungen durchgeführten Rückreaktion zeigt, kann die Rückalkylierung bei diesen Verbindungen vernachlässigt werden.

Tabelle 11
Geschwindigkeitskonstanten k_2 der Reaktionen pestizider Phosphorsäureester mit Natriumjodid und Kaliumrhodanid in Aceton [103]

Phosphor-säureester	Natriumjodid		Kaliumrhodanid	
	Temp. [°C]	$k_2 \cdot 10^4$ [l/Mol · s]	Temp. [°C]	$k_2 \cdot 10^4$ [l/Mol · s]
Trimethyl-phosphat	50,5	4,20 ± 0,13		
	65	19,3 ± 0,7	64	0,445 ± 0,011
	80	70,7 ± 2,1	79	1,85 ± 0,03
	100	370 ± 19	99	10,5 ± 0,4
Trichlorphon	25	1,83 ± 0,26		
	35	5,85 ± 0,19		
	50	30,1 ± 2,9	50	0,544 ± 0,015
	65	133 ± 9		
Butonat	25	12,6 ± 0,2		
	35	33,8 ± 0,9		
	50,5	135 ± 2	50	3,60 ± 0,23
	64	452 ± 10		
Dichlorvos	0	1,77 ± 0,14		
	25	30,0 ± 0,8		
	35	81,8 ± 1,8		
	50,5	297 ± 9	50	8,86 ± 0,25

Tabelle 12
Aktivierungsparameter der Umsetzungen pestizider Phosphorsäureester mit Natriumjodid und Kaliumrhodanid in Aceton [103]

Nucleophil	Ester	$\lg k_2 = A - B \cdot T^{-1}$ A	B	$H^{\neq}$ [kcal/Mol]	$S^{\neq}$ [cal/grd · Mol]
NaJ	Trimethylphosphat	11,22 ± 0,19	4721 ± 65	20,9 ± 0,3	−9,5 ± 0,9
	Trichlorphon	12,01 ± 0,03	4696 ± 10	20,9 ± 0,1	−5,5 ± 0,2
	Butonat	10,47 ± 0,17	3990 ± 55	17,6 ± 0,2	−12,7 ± 0,8
	Dichlorvos	10,60 ± 0,22	3915 ± 66	17,3 ± 0,3	−12,1 ± 1,0
KSCN	Trimethylphosphat	10,53 ± 0,18	5024 ± 65	22,4 ± 0,2	−12,3 ± 0,6

Die auf der Basis potentiometrischer Halogenidtitration ermittelten Geschwindigkeitskonstanten sind in Tab. 11 und die dazugehörigen Aktivierungsparameter in Tab. 12 zusammengefaßt.

Die eingesetzten Ester zeigen gegenüber den Nucleophilen Jodid und Rhodanid die gleiche Reaktivitätsfolge:

Dichlorvos > Butonat > Trichlorphon > Trimethylphosphat.

Das unter präparativen Aspekten als gutes Methylierungsmittel für Jodid eingeschätzte Trichlorphon [109] hat demnach nur eine relativ geringe Reaktivität.

Die Umsetzungen der Thiophosphorsäureester Dimethoat und Methylparathion mit Jodid und Rhodanid gehorchen keiner Kinetik 2. Ordnung, da hier die Alkylhalogenide offenbar zur Rückalkylierung der entstehenden Thionophosphatanionen befähigt sind. In diesem Falle sollten nach dem von Teichmann und Hilgetag postulierten Mechanismus [106] die Entalkylierungsprodukte ausschließlich Thiol-Verbindungen darstellen. In Übereinstimmung damit und in Analogie zur Umsetzung von Methylparathion mit 2-Pyridinaldoximmethojodid [111] konnten die gebildeten Desmethylverbindungen des Dimethoats und Methylparathions NMR-spektroskopisch als Thiolisomere identifiziert werden.

4.3. *Reaktivität gegenüber 4-(4-Nitrobenzyl)-pyridin*

Die Verwendung von Aceton als Lösungsmittel für die in den Abschnitten 4.1. und 4.2. beschriebenen Umsetzungen hat den methodischen Vorteil, daß dieses Solvens in keine Nebenreaktionen am Phosphoratom verwickelt werden kann und daher den Einsatz auch solcher Nucleophile erlaubt, die in protischen Medien bei reaktiveren Estern bereits Anlaß zu unerwünschten Parallelreaktionen geben (z. B. basekatalysierte Umesterung von Dichlorvos bei der Umsetzung mit Trialkylaminen in Methanol). Im Hinblick auf die Simulierung von in-vivo-Verhältnissen stellt Aceton freilich nur eine sehr grobe Annäherung dar. Wie die folgenden Ausführungen zeigen, bietet hier der Einsatz von 4-(4-Nitrobenzyl)-pyridin (NBP) als Reaktionspartner eine gewisse Ergänzung, da dieses Nucleophil auf Grund seiner geringen Basizität auch die Verwendung von Alkoholen als Reaktionsmedien gestattet, ohne daß sich Umesterungsreaktionen störend bemerkbar machen.

Die auf Königs und Mitarbeiter [112] zurückgehende NBP-Farbreaktion hat als empfindliche spektrophotometrische Bestimmungsmethode für alkylierende Agentien Bedeutung erlangt [113]. Nach eingehenden Untersuchungen in den Arbeitskreisen um Epstein [114], Sawicki [115] und Preussmann [116] können jedoch nicht nur die verschiedenartigsten Alkylantien, sondern auch acylierende, phosphorylierende, arylierende und andere reaktive Verbindungen mit NBP gemäß Gl. (6) hinreichend stabile Quartärsalze bilden, die durch Basen zu Farbstoffen vom Typ

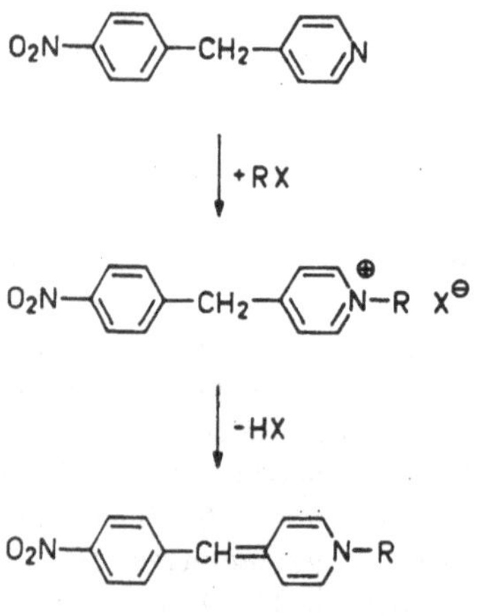

Gl. (6)

N-substituierter 4-(4-Nitrobenzyliden)-1,4-dihydropyridine deprotoniert werden. Während an der Struktur dieser Farbstoffe im Falle gewöhnlicher Alkylierungs- [117] und Acylierungsmittel [118] kein Zweifel besteht, wurde die NBP-Reaktion von Phosphorsäurealkylestern teils als N-Phosphorylierung [119—121], teils als N-Alkylierung [115, 116] interpretiert. Vor Aufnahme kinetischer Messungen war daher zunächst das Verhalten pestizider Phosphorsäureester gegenüber NBP qualitativ zu klären.

Setzt man die in Gl. (7) aufgeführten Ester $(CH_3O)_2P(Z)R'$ in siedendem Aceton oder Methanol mit NBP um, dann scheiden sich bei Ätherzugabe ölige Salze mit anionisch gebundenem Phosphor ab, die mit Perchlorsäure stets ein Perchlorat vom Schmelzpunkt 130—131 °C liefern. Analog, wenn auch reak-

R	Z	R'
CH_3	O	CH_3O
CH_3	O	C_6H_5O
CH_3	O	$Cl_2C{=}CHO$
CH_3	O	$CCl_2BrCHBrO$
CH_3	O	$CCl_3CH(OH)$
CH_3	O	$CCl_3CH(OCOC_3H_7)$
CH_3	S	CH_3O
CH_3	S	$4\text{-}NO_2\text{-}C_6H_4O$
CH_3	S	$(CH_3O)_2P(S)O$
CH_3	S	$2,5\text{-}Cl_2\text{-}4\text{-}Br\text{-}C_6H_3O$
CH_3	S	$CH_3NHCOCH_2S$
C_2H_5	O	C_2H_5O
C_2H_5	O	$CCl_3CH(OH)$
C_2H_5	O	$4\text{-}NO_2\text{-}C_6H_4O$
C_2H_5	O	$(C_2H_5O)P(O)O$
CH_3	O	Cl
CH_3	S	Cl
C_2H_5	O	Cl

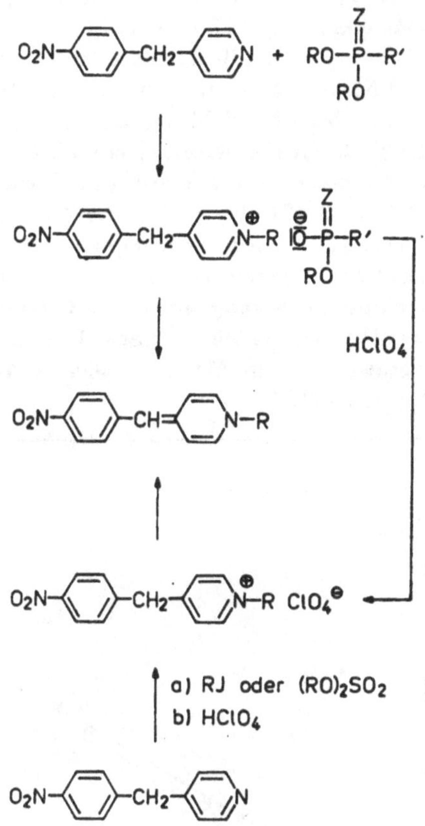

Gl. (7)

tionsträger, verhalten sich die Äthylester $(C_2H_5O)_2P(Z)R'$, die unabhängig von R' zu einem Perchlorat vom Schmelzpunkt 118—119 °C führen. Die NMR- und IR-spektroskopisch belegte Identität dieser beiden Perchlorate mit auf definiertem Wege [117] erhaltenem N-Methyl- bzw. N-Äthyl-4-(4-nitrobenzyl)-pyridiniumperchlorat sowie die direkte Abwandlung der primär entstehenden Pyridiniumphosphate zu dem ebenfalls bekannten N-Methyl- bzw. N-Äthyl-4-(4-nitrobenzyliden)-1,4-dihydropyridin [117] beweist, daß die eingesetzten Phosphon-, Phosphor- und Thiophosphorsäureester mit NBP durchweg unter N-Alkylierung reagieren. Selbst Esterhalogenide machen hierbei keine Ausnahme, wie die anologen Umsetzungen mit Phosphorsäure-dimethylesterchlorid, Thiophosphorsäure-dimethylester-chlorid und Phosphorsäure-diäthylester-chlorid zeigen. In Übereinstimmung mit diesen Untersuchungen [122] wurde kürzlich eine NBP-Phosphorylierung durch pestizide Phosphorsäureester auch auf spektroskopischem Wege ausgeschlossen [123].

Nach Klärung ihres Reaktionsverlaufes konnte nunmehr die Umsetzung pestizider Phosphorsäureester mit NBP kinetisch verfolgt werden. Als limitierender Faktor bei der Wahl der Reaktionsbedingungen erwies sich die thermische Labilität sowohl verschiedener Wirkstoffe als auch die der intermediären Pyridiniumsalze, die bei den von Sawicki und Mitarbeiter [115] sowie Getz und Watts [121] für analytische Zwecke und von Preussmann und Mitarbeiter [116] zur Ermittlung halbquantitativer Reaktivitätsrichtwerte verwendeten Reaktionstemperaturen von 180 °C bzw. 100 °C über längere Zeit hin eine merkliche Zersetzung erleiden. Befriedigende Ergebnisse wurden, wie Abb. 4 am Beispiel der bis zu einem Umsatz von 75% verfolgten Dichlorvos-Entalkylierung zeigt, in Methanol oder Acetophenon bei Temperaturen von 20—50 °C erzielt [102].

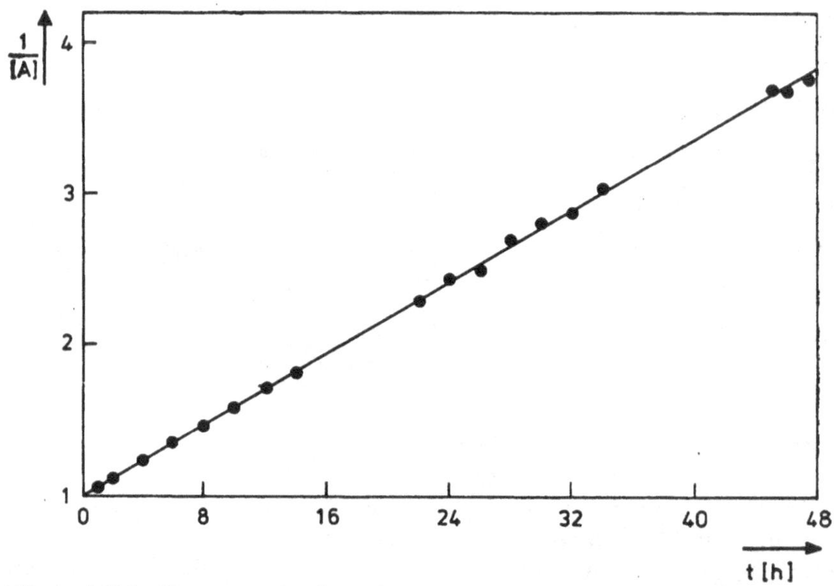

Abb. 4 1/[A]-t-Diagramm der Reaktion von Dichlorvos mit 4-(4-Nitrobenzyl)-pyridin in Methanol bei 25 °C, [A]: Konzentration der Reaktanten in Mol/l [102].

Die für die Umsetzung in Methanol bei 25 °C gemessenen Geschwindigkeitskonstanten 2. Ordnung sind in Tab. 13 zusammengefaßt und den unabhängig von BEDFORD und ROBINSON [101] in Glykolmonomethyläther bei 37,5 °C ermittelten Werten gegenübergestellt. Obwohl letztere von den genannten Auto-

Tabelle 13
Alkylierungsvermögen pestizider Phosphorsäureester gegenüber NBP in Methanol [102] und Glykol-monomethyläther [101]

Verbindung	Methanol, 25°C		Glykol-monomethyläther, 37,5°C	
	$k_2 \cdot 10^6$ [l/Mol · s]	$k_{rel.}$	$k_2 \cdot 10^6$ [l/Mol · s]	$k_{rel.}$
Dichlorvos	16,7	100	58,3	100
Methylparaoxon	9,12	55	26,4	45
Butonat	~5,8[1]	~35	–	–
Methylparathion	3,29	20	13,9	24
Dimethoat	1,52	9,2	–	–
Trichlorphon	~0,6[1]	~4	3,39	5,7
Trimethylphosphat	0,39	2,3	~1,25	~2,1

[1] Die für Butonat und Trichlorphon aus der Anfangsphase der Reaktion ermittelten Geschwindigkeitskonstanten sind als Näherungswerte zu betrachten, da sich analog zur Umsetzung mit Trialkylaminen (vergleiche 3.1.) auch hier Dehydrohalogenierungsreaktionen störend bemerkbar machen.

ren nach $k_2 = k_1/[NBP]$ aus Konstanten pseudoerster Ordnung (Verhältnis NBP : Substrat = 78 : 1) errechnet wurden, ergeben sich, wie insbesondere aus dem Vergleich der relativen Reaktionsgeschwindigkeiten hervorgeht, in beiden Fällen sehr ähnliche Reaktivitätsabstufungen. Die resultierende Reihenfolge

Dichlorvos > Butonat > Methylparathion >
Dimethoat > Trichlorphon > Trimethylphosphat

demonstriert den außerordentlich großen Einfluß des Reaktionsmediums auf das Alkylierungspotential und dürfte die relative Reaktivität dieser Wirkstoffe in vivo besser widerspiegeln als die in Aceton ermittelten Abstufungen (vgl. Abschnitt 4.1. und 4.2.). Das geringere Alkylierungsvermögen der schwefelhaltigen Wirkstoffe Methylparathion und Dimethoat in Methanol gegenüber dem in Aceton erklärt sich aus der Tatsache, daß die Polarität der P=O-Gruppe und damit die induktive Beeinflussung des reagierenden Alkylesterrestes in protischen Lösungsmitteln stärker begünstigt wird als im Falle der

P=S-Gruppe. Einen direkten Vergleich bieten die Ester Methylparaoxon und Methylparathion: Während letzterer in Aceton das höhere Alkylierungspotential besitzt (vgl. Tab. 10), reagiert Methylparaoxon in Methanol 2,77mal schneller als der Thiono-Ester. Diese Abstufung steht in guter Übereinstimmung mit Befunden von THUONG [100], der unter vergleichbaren Bedingungen für die Umsatzgeschwindigkeiten beider Ester mit Benzyldimethylamin einen Faktor von 2,45 ermittelte.

4.4. *Vergleich mit anderen Alkylierungsmitteln*

Nach HILGETAG und TEICHMANN [124] ist das Alkylierungsvermögen der O-Alkylester von Säuren des tetraedrischen Phosphors vergleichbar mit dem von Schwefel- und Sulfonsäurealkylestern. Ein Reaktivitätsvergleich zwischen Alkylestern von Säuren des Phosphors und Schwefels erscheint allerdings nur dann sinnvoll, wenn er Verbindungen betrifft, in denen die jeweils reagierenden Alkylgruppen identisch sind. Stellt man unter diesem Aspekt die auf kinetischen Messungen basierenden Reaktivitätsparameter vergleichbarer Phosphor- und Schwefelsäureester gegenüber, dann läßt sich die von den o. g. Autoren gegebene Einschätzung nicht aufrechterhalten. Wie aus Tab. 14 hervorgeht,

Tabelle 14
Relative Reaktionsgeschwindigkeiten der Umsetzungen von Dimethylsulfat [125] und Phosphorsäureestern [102, 103) mit verschiedenen Nucleophilen bei 25°C

Verbindung	Nucleophil Trimethylamin (Aceton)	Triäthylamin (Aceton)	Natriumjodid (Aceton)	NBP (Methanol)
Dimethylsulfat		46650	54200	~3470
Dichlorvos	107	126	120	44
Methylparathion	120	252	—	9
Trimethylphosphat	1	1	1	1

stellen die bereits zu den reaktivsten der bisher untersuchten Phosphorsäureester zählenden Pestizide Dichlorvos und Methylparathion (vgl. Tab. 10) durchweg wesentlich schwächere Alkylierungsmittel als Dimethylsulfat dar. Die Alkylierungspotentiale von Trimethylphosphat und Dimethylsulfat unterscheiden sich um bis zu vier Zehnerpotenzen. Selbst Methyltosylat und Diäthylsulfat sind noch reaktiver als Methylparathion, und erst 1,3-Propansulton und 1,4-Butansulton grenzen annähernd den Reaktivitätsbereich der pestiziden

Phosphorsäureester ein (Tab. 15). Auch Benzylchloride und höhere Alkylbromide besitzen ein den hier interessierenden Phosphorsäureestern vergleichbares Alkylierungsvermögen (Tab. 16).

Tabelle 15
Geschwindigkeitskonstanten der NBP-Alkylierung durch Ester von Säuren des Schwefels [126] und Phosphors [125] in Acetophenon bei 37 °C

Verbindung	$k_2 \cdot 10^4$ [l/Mol · s]	$k_{rel.}$
1,2-Äthylensulfat	281	228500
Dimethylsulfat	89,3	72600
Methyltosylat	1,78	1450
Diäthylsulfat	1,56	1270
1,3-Propylensulfat	1,44	1170
1,3-Propansulton	0,700	570
Methylparathion	0,271	220
Dichlorvos	0,209	170
Dimethoat	0,0982	80
1,4-Butansulton	0,00581	5
Trimethylphosphat	0,00123	1

Tabelle 16
Vergleich des Alkylierungsvermögens einiger Phosphorsäureester mit dem verschiedener anderer Alkylierungsmittel gegenüber Jodid in Aceton bei 25 °C

Verbindung	$k_2 \cdot 10^4$ [l/Mol · s]	$k_{rel.}$	Lit.
Methyljodid	79400	324100	[127]
Dimethylsulfat	13280	54200	[125]
Methylbromid	4000	16330	[128]
Äthyljodid	600	2450	[129]
Chloressigsäureäthylester	40,7	166	[130]
4-Nitrobenzylchlorid	32,2	131	[131]
Dichlorvos	30,0	122	[103]
Äthylbromid	16,6	68	[128]
n-Propylbromid	13,7	56	[128]
Butonat	12,6	51	[103]
Benzylchlorid	5,03	21	[130]
Allylchlorid	3,18	13	[132]
Trichlorphon	1,83	7	[103]
Trimethylphosphat	0,245	1	[103]

Die Annahme, daß Ester vom Typ ROP(Z)R'R" (R = Alkyl, Z = O, S) bei geeigneter Substitution den Dialkylsulfaten als Alkylierungsmittel durchaus überlegen sein können [94], muß angesichts der vorliegenden Befunde fraglich erscheinen und bedarf der experimentellen Überprüfung an Verbindungen mit extrem elektronegativen Resten R' und R".

5. Alkylierungsreaktionen insektizider Phosphorsäureester am Warmblüter in vivo

Unsere Arbeiten begannen zu einem Zeitpunkt, als ausschließlich N-7 MeG als Alkylierungsprodukt an Nucleinsäuren analytisch zugänglich war. Später wurde an den Nitrosaminen und den Estern der Schwefel- und Sulfonsäuren, wie oben beschrieben, insbesondere O-6 MeG als Reaktionsprodukt von vorrangigem Interesse gefunden. Da bei diesen Verbindungen immer N-7 MeG als Hauptprodukt mit etwa 70—80% der Gesamt-Alkylierungsprodukte auftrat, wurde von uns die Arbeitshypothese aufgestellt, daß dieser Befund *auch bei Estern der Phosphorsäure prinzipiell gültig ist,* so daß zunächst N-7 MeG quantitativ bestimmt werden sollte. 1974 wurden erstmalig Arbeiten englischer und schwedischer Arbeitskreise publiziert [133—135], in denen diese Vermutung bei Dichlorvos bestätigt werden konnte; in DNS und RNS aus E. coli wurden N-1-, N-3- und N-7 MeA, N-3 MeC, N-3 und N-7 MeG und O-6 MeG quantitativ bestimmt. In Abhängigkeit von den Reaktionsbedingungen und der Reaktionszeit entstehen 63—93% N-7 MeG, der Anteil an O-6 MeG liegt zwischen n. n. und 0,4% in DNS; in RNS konnte kein O-6 MeG gefunden werden; der Anteil an N-7 MeG betrug hier 38—50%, und insbesondere N-1 MeA wird in größeren Mengen von 22—46% gebildet. Über entsprechende Arbeiten an Warmblütern in vivo wurden bisher nur von schwedischer Seite Ergebnisse publiziert, die im folgenden mit unseren Ergebnissen verglichen werden [134, 135].

Unsere Arbeiten verfolgten die Zielstellung, durch Bestimmung von N-7 MeG *am Warmblüter in vivo* bei verschiedenen, in der DDR großtechnisch produzierten phosphororganischen Insektiziden einen Maßstab zum Vergleich der alkylierenden Wirkung zu schaffen, der eine Abschätzung des Risikos beim Umgang mit diesen Verbindungen auch für den Menschen gestatten sollte. Als Vergleichssubstanz mit relativ gut bekannter biologischer Schadwirkung und prinzipiell gleichartigem chemischem Reaktionsmechanismus wurde Dimethylsulfat gewählt. Arbeiten zur Bestimmung von O-6 MeG und anderen Alkylierungsprodukten wurden von uns nicht begonnen, da das zweifellos interessante O-6 MeG an der unteren Nachweisgrenze liegt und die analytische Bestimmung dieser ohnehin bereits für N-7 MeG äußerst aufwendigen Methoden den Rahmen dieser Arbeiten gesprengt hätte.

Die Versuchsdurchführung und Analytik wird im Anhang detailliert beschrieben.

5.1. ^{14}C-N-7 *Methylguanin im Urin*

Die Ausscheidung methylierter Nucleinbasen im Urin, die aus Depurinierungs-Reaktionen der Nucleinsäuren in den verschiedenen Organen stammen, wird z. Z. allgemein als Bezugssystem für alkylierende Wirkungen im Warmblüter in vivo benutzt. In Tabelle 17 werden unsere Ergebnisse für Trichlorphon, Butonat und Dimethoat mit den Werten für Dichlorvos [134] sowie DMS [136] und MMS [137] verglichen.

Tabelle 17
Urinausscheidung von ^{14}C—N-7 MeG nach Applikation an Mäuse; ^{14}C-markierte insektizide Organophosphorverbindungen und Methylmethansulfonat, ^{3}H-markiertes Dimethylsulfat

Verbindung	Dosis (mg/Tier)	Applikation	Zeit	^{14}C—N-7 MeG, relativ zur Gesamt-Dosis · 10^{-6}
Trichlorphon	4	i. p.	0—24	15— 16
Butonat	5—10	i. p.	0—24	5— 6
Dimethoat	2	i. p.	0—96	40— 45
DDVP[1]	0,3—1,6	i. p.	0—48	30— 60
	0,2—0,3	inhal.	0—48	100— 140
DMS[2]	0,0005—0,05	inhal.	0—48	1500—3000 (0,15—0,3%)
MMS[3]	2,5	i. p.	0—48	2000 (0,2%)

[1] [134]. [2] [136]. [3] [137].

Insgesamt ergeben sich folgende summarische Ergebnisse:

a) Unter den bisher untersuchten phosphororganischen Wirkstoffen besitzt Dichlorvos die stärkste alkylierende Wirkung sowohl in vitro gegen chemische Nucleophile als auch in vivo gegen Nucleinbasen.

b) Bei gleicher Applikationsform (Inhalation) ist die alkylierende Wirkung an der Maus in vivo beim Dichlorvos etwa um den Faktor 20 geringer als beim Dimethylsulfat.

c) Nach Inhalation wurden beim Dichlorvos etwa 2- bis 5mal höhere Werte gefunden als nach i. p. Injektion.

d) Organophosphate, die *schnell metabolisiert werden* (Trichlorphon und Butonat), zeigen bei gleicher Applikationsform (i. p.) eine um den Faktor 4 bis 10 geringere alkylierende Wirkung als Dichlorvos.

e) Organophosphate, die relativ *langsam metabolisiert werden* (Dimethoat), zeigen bei gleicher Applikationsform (i. p.) alkylierende Wirkungen, die der des Dichlorvos nahekommen (siehe dazu auch Tab. 18).

Die in Tab. 17 zusammengestellten Ergebnisse sollten unter Berücksichtigung der metabolischen Abbau-Geschwindigkeiten der Organophosphate und ihrer Verteilungskoeffizienten Öl/Wasser diskutiert werden, wie diese in Tab.

Tabelle 18
Halbwertzeiten des enzymatischen Abbaus in vitro und Verteilungskoeffizienten von Trichlorphon, Butonat, DDVP und Dimethoat

$t_{1/2}$: Halbwertzeit des Abbaus in Rinderserum (oxalatstabilisiert) bei 37,5°C in vitro, Wirkstoffdosis 100 µg/ml
K: Verteilungskoeffizient Oilvenöl/Wasser

Wirkstoff	$t_{1/2}$ (min)	K
Trichlorphon	32	$3{,}6 \cdot 10^{-2}$
Butonat	9	$>10^2$
DDVP	28	$>10^2$
Dimethoat	1680 (28 h)	$1{,}6 \cdot 10^{-1}$

18 zusammengestellt wurden. Wirkstoffe, die schnell metabolisiert werden, sollten demzufolge in vivo im Verhältnis zu ihrer alkylierenden Wirkung gegen chemische Nucleophile (siehe Abschnitt 4.) relativ weniger wirksam sein, wie das insbesondere beim Butonat in Erscheinung tritt; beim Dimethoat wäre infolge seines langsamen Abbaus (siehe Tab. 18, 1680 min gegenüber 9 min für Butonat!) eine verstärkte Wirkung in vivo zu erwarten, wie sie von uns auch gefunden wurde.

Beim Verteilungskoeffizienten sollte man erwarten, daß besser fettlösliche Wirkstoffe an den Nucleinsäuren weniger angreifen können; hierdurch sollte die alkylierende Wirkung wasserlöslicher Wirkstoffe wie Trichlorphon und Dimethoat begünstigt werden. In höheren Pflanzen nimmt die Toxizität alkylierender Reagentien mit steigender Fettlöslichkeit zu (möglicherweise bevorzugte Alkylierung in Membranen), während die mutagene Wirkung sinkt [138].

5.2. ¹⁴C-N-7 *Methylguanin in Organen und Depurinierung*

Wir untersuchten außer der Ausscheidung im Urin noch den Gehalt an ^{14}C-N-7 MeG in Leber, Niere, Lunge, Hoden und Gehirn. Außer in der Leber konnten nur Spuren von ^{14}C-N-7 MeG gefunden werden, wobei eine eindeutige Identifizierung des Peaks auf der Chromatographiesäule nicht möglich war.

Es konnte eindeutig gezeigt werden, daß die Gehalte an ^{14}C-N-7 MeG in der Leber mit der Zeit sehr schnell abnehmen, wobei Halbwertzeiten zwischen 2,0 h für Butonat und 15 h für Dimethoat festgestellt wurden (siehe Abb. 5).

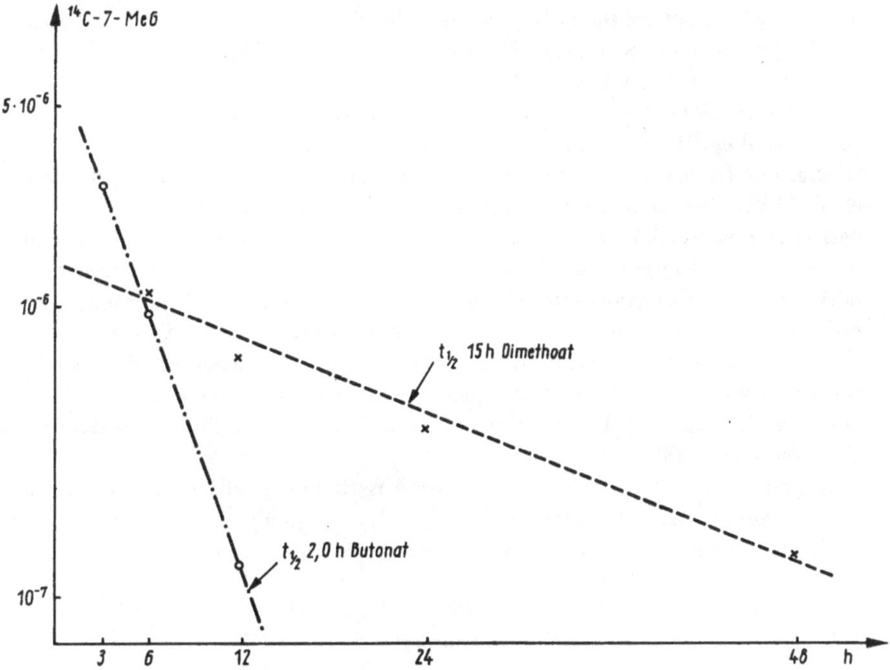

Abb. 5 Ausscheidung von ^{14}C-N-7 MeG aus Leber-(DNS + RNS) nach i.p.-Applikation von 5 mg ^{14}C-Butonat oder 2 mg ^{14}C-Dimethoat pro Maus.

Bei Einwirkung starker Alkylierungsmittel wie Methylmethansulfonat und Dimethylnitrosamin ergeben sich aber weit höhere Werte für die Halbwertzeit der Ausscheidung von N-7 MeG, und zwar 3,0 d für DNS und 3,5 d für RNS [139, 140].

Diese eindeutigen Unterschiede in den Geschwindigkeiten der Depurinierung alkylierter Nucleinsäuren nach Einwirkung starker Alkylierungsmittel vom

Typ der Nitrosamine und Sulfon- und Schwefelsäureester einerseits und schwacher Alkylierungsmittel vom Typ der insektiziden Phosphorsäureester andererseits sind vorläufig nicht zu erklären. Bereits innerhalb der von uns untersuchten Organophosphor-Verbindungen treten Unterschiede in den Depurinierungs-Geschwindigkeiten auf, die auf Grund der angewandten Analysenmethode als signifikant angesehen werden müssen.

In Studien an methylierter DNS wurde gefunden, daß alkylierte Basen in vitro bei 37 °C hydrolytisch aus Nucleinsäuren abgespalten werden, wobei äthylierte Basen eine höhere Stabilität aufweisen als methylierte Basen. In vivo werden generell höhere Geschwindigkeiten der Abspaltung beobachtet als in vitro, wobei beträchtliche Unterschiede in verschiedenen Organen festgestellt wurden; nach Alkylierung mit Äthylnitrosoharnstoff [141] waren die Halbwertzeiten der Ausscheidung von O-6-Äthylguanin im Gehirn (220 h) und in der Leber (30 h) eindeutig größer als die von N-7-Äthylguanin (Gehirn 90 h, Leber 16 h). Analoge Befunde über eine im Verhältnis zu anderen Alkylierungsprodukten der DNS verlangsamte Depurinierung des O-6 MeG erhielten Kleihues et al. [142]. Bisher konnten keine sicheren Hinweise dafür erhalten werden, daß eine längere Anwesenheit alkylierter Basen in Nucleinsäuren die Wahrscheinlichkeit genotoxischer Effekte signifikant beeinflußt, jedoch liegen hierzu noch zu wenig experimentelle Daten vor. Sehr wahrscheinlich müssen in vivo noch biochemische Effekte in Betracht gezogen werden, wie z. B. die ionischen Bedingungen und pH-Werte in der unmittelbaren Umgebung der Nucleinsäuren und der Einfluß enzymatischer Repair-Systeme, aber auch dazu fehlen heute noch genauere Informationen, insbesondere über Repair-Systeme bei Warmblütern [143].

Insgesamt ist festzustellen, daß die Ausscheidung alkylierter Basen aus Nucleinsäuren nach Einwirkung insektizider Organophosphor-Verbindungen vorläufig noch nicht eindeutig beurteilt werden kann.

5.3. *Dosis-Abhängigkeit und Schwellenwert*

Im Hinblick auf die Konsequenzen beim praktischen Umgang mit alkylierenden Substanzen ist die Frage der Dosis-Wirkungs-Beziehung von entscheidender Bedeutung. Im Gegensatz zu akut toxischen Effekten, die auf reversible Gleichgewichtsreaktionen zurückgeführt werden können, sollte bei irreversiblen Reaktionen, wie z. B. der Alkylierung von Nucleinsäuren, theoretisch kein Schwellenwert auftreten. Da die biologischen Folgereaktionen auch von Repairprozessen beeinflußt werden, kommt der experimentellen, durch analytische Befunde begründeten Ermittlung der Dosis-Abhängigkeit eine besondere Bedeutung zu [144]. Die im Tierversuch am Dimethylsulfat erzielten Ergebnisse einer cancerogenen Wirkung nach Inhalation und subcutaner Applikation [80, 145] konnten von Löfroth et al. [136] durch Untersuchung der methylierenden Wirkung auf Nucleinsäuren ergänzt werden. Bei 2 Dosierungen, die sich um den Faktor 10^2 unterschieden, wurden nach Inhalations-Exposition im Urin methylierte Purine gefunden, deren relative Konzentrationen sich nur um den Faktor 2 unterschieden; dabei war die Konzentration in der Atemluft beim Experiment mit der niedrigen Dosierung geringer als der z. Z. gültige MAK-Wert für Dimethylsulfat (siehe Tab. 17).

Wir versuchten, mit Trichlorphon nach i. p. Injektion von je 4 und 0,4 mg (Dosisrelation 10 : 1) ein analoges Experiment durchzuführen, obwohl dabei die untere Nachweisgrenze unseres durch die spezifische Aktivität des ^{14}C im Trichlorphon bestimmten Analysenverfahrens erreicht wurde; durch Einsatz größerer Tierzahlen für eine Probe wurde eine weitere Steigerung der Nachweisempfindlichkeit erzielt. In einem zusätzlichen Experiment mit praktisch derselben hohen Dosierung (3 mg pro Tier) wurden die Ergebnisse gesichert.

Tabelle 19
Ausscheidung von ^{14}C—N-7 MeG im Urin, relativ zur Geasmtdosis; Abhängigkit von Dosis und Zeit bei ^{14}C-Trichlorphon

4 mg/Maus = 130—160 mg/kg; 0,4 mg/Maus = 13—16 mg/kg

Versuch Nr.	Dosis/Tier	Zeit-Intervall	^{14}C—N-7-MeG
1	4 mg	0—12 h	$10 \cdot 10^{-6}$
1	4 mg	0—24 h	$16 \cdot 10^{-6}$
2	3 mg	0—12 h	$10 \cdot 10^{-6}$
3	0,4 mg	0—12 h	$9 \cdot 10^{-6}$
3	0,4 mg	0—24 h	$11 \cdot 10^{-6}$
3	0,4 mg	0—48 h	$16 \cdot 10^{-6}$

Es ergaben sich die in Tab. 19 zusammengefaßten Resultate; diese 3 Experimente wurden mit 2 radioaktiven Präparaten unterschiedlicher spezifischer Aktivität durchgeführt, die verschiedenen Synthesen entstammten. Die Übereinstimmung der Ergebnisse nach derartig langwierigen Trennoperationen (siehe im Anhang) läßt die Zuverlässigkeit der Analysenmethode erkennen. Im untersuchten Dosisbereich ist kaum eine Dosisabhängigkeit feststellbar. Eine experimentell gesicherte Festlegung von Schwellenwertkonzentrationen für phosphororganische Wirkstoffe ist damit vorläufig nicht möglich; zur Diskussion von Näherungswerten im Hinblick auf Rückstandswerte und Karenzzeiten siehe in Abschnitt 7.

6. Zum Kausalzusammenhang zwischen alkylierenden Eigenschaften und Spätschadeneffekten pestizider Phosphorsäureester

Auf Grund seiner verwandten chemischen Struktur (Estertyp), seiner prinzipiell gleichartigen Reaktionsweise (S_N2-Entalkylierung) und seiner relativ gut bekannten Schadeffekte bietet der Schwefelsäureester Dimethylsulfat geeignete Vergleichsmöglichkeiten zur Reaktivität und Wirkung pestizider Phosphorsäureester. Aus den in Abschnitt 4 beschriebenen Reaktivitätsuntersuchungen in vitro geht hervor, daß in protischen Solventien das Alkylierungspotential der Pestizide Trichlorphon, Dimethoat, Methylparathion, Butonat und Dichlorvos in der angegebenen Reihenfolge graduell zunimmt, insgesamt aber durchweg geringer ist als das des Dimethylsulfats. Nach den in Abschnitt 5 aufgeführten Ergebnissen überlagern sich im Warmblüterorganismus der in vitro gefundenen Reaktivitätsabstufung Abbauvorgänge sowie Verteilungs- und Transportphänomene. Wie die zunehmende Bildung von 7-Methylguanin in der Reihenfolge Butonat, Trichlorphon, Dimethoat, Dichlorvos zeigt, können schnell metabolisierende Wirkstoffe (z. B. Butonat) trotz größerer in-vitro-Reaktivität zu geringeren DNS-Alkylierungsraten führen als solche, die in vivo relativ langsam abgebaut werden (z. B. Dimethoat). Gemessen an der Bildung des im Urin ausgeschiedenen 7-Methylguanins besitzen jedoch alle untersuchten Phosphorsäureester auch in vivo ein geringeres Alkylierungsvermögen als Dimethylsulfat, wobei sich hier allerdings der Unterschied zwischen beiden Strukturtypen (z. B. Dimethylsulfat : Dichlorvos $\approx$ 20 : 1, vgl. Tab. 17) nicht mehr so gravierend bemerkbar macht wie im Falle der in vitro gemessenen Reaktivitätsabstufung (Dimethylsulfat : Dichlorvos $\approx$ 80 : 1, gegenüber NBP in Methanol bei 25 °C, vgl. Tab. 13).

Aus dem im Vergleich zum Dimethylsulfat geringeren Alkylierungsvermögen pestizider Phosphorsäureester in vitro darf freilich nicht a priori auf eine schwächere Spätschadenwirkung beim Warmblüter geschlossen werden. Die an einer Reihe anderer direkt alkylierender Verbindungen gemachte Erfahrung lehrt, daß bei Gegenüberstellung unterschiedlicher Strukturtypen zwischen chemischer Reaktivität und biologischer Wirkung keine Korrelation erwartet werden darf und sich eine solche bestenfalls innerhalb homologer Reihen andeutet [80]. So besitzt z. B. das hinsichtlich seines Alkylierungsvermögens den pestiziden Phosphorsäureestern nahestehende 1,3-Propansulton (vgl. Tab. 15) nach Druckrey und Mitarbeiter [147] einen höheren Index der cancerogenen Wirksamkeit als das um zwei Größenordnungen reaktivere Dimethylsulfat. Solche im wesentlichen auf einer unterschiedlich schnellen metabolischen Entaktivierung beruhenden Disproportionen sollten im Falle der in vivo am Warmblüter ermittelten DNS-Alkylierungsraten (7-Methylguanin im Urin) weitgehend eliminiert sein. Eine Abschätzung des Spätschadenrisikos auf Basis derartiger Werte wäre allerdings nur dann gerechtfertigt, wenn zwischen dem gemessenen Effekt (DNS-Alkylierung am N-7 des Guanins) und der Auslösung besagter Spätschäden auch tatsächlich ein kausaler Zusammenhang bestünde. Nach dem gegenwärtigen Erkenntnisstand scheint aber gerade die Bildung von 7-Methylguanin in der DNS-Doppelhelix — zumindest für die Auslösung von Genmutationen — nicht der entscheidende Primärprozeß zu sein (vgl. Abschnitt 3.3.). Experimentelle Befunde zur Frage des Kausalzusammenhanges zwischen den Spätschadeneffekten phosphororganischer Pestizide und ihrem Alkylierungsvermögen schlechthin liegen bisher nur für die mutagene Wirkung des Trichlorphons vor, worauf im folgenden eingegangen wird.

6.1. *Mutagene Wirkung*

Wie bereits in Abschnitt 2.1. erwähnt, wirkt der Phosphonsäureester Trichlorphon im Dominanten-Letal-Test an der Maus mutagen [6]. Um zu prüfen, ob hierfür die alkylierenden Eigenschaften des Trichlorphons verantwortlich sind, wurde in Zusammenarbeit mit dem Biologischen Institut der Martin-Luther-Universität Halle-Wittenberg nach der gleichen Methode die genetische Aktivität des Desmethyltrichlorphons untersucht, das in Form seines Natriumsalzes zur Anwendung kam. Im Falle eines kausalen Zusammenhanges zwischen dem Alkylierungsvermögen des Trichlorphons und seiner mutagenen Wirkung sollte die Desmethylverbindung genetisch inaktiv sein, da Salze monodesalkylierter Phosphon- und Phosphorsäureester nicht mehr alkylierend wirken [94, 101]. Mit einer analogen Fragestellung untersuchten Druckrey und Mitarbeiter [83] das Natriumsalz des Monomethylsulfates auf cancerogene Wirkung und fanden in der völligen Inaktivität dieser Verbindung eine wesentliche Stütze für die Annahme, daß die cancerogene Wirkung der Dialkylsulfate auf deren alkylierenden Eigenschaften beruht.

Den vorliegenden Ergebnissen [7] zufolge besitzt Desmethyltrichlorphon eine dem Trichlorphon vergleichbare genetische Aktivität. Dieser Befund macht einen Methyl-Transfer als mutationsauslösenden Primärakt des intakten Trichlorphon-Moleküls unwahrscheinlich. Da Desmethyl-Trichlorphon als Trichlorphon-Metabolit in Warmblütern nachgewiesen wurde [148, 149], liegt es nahe, die mutagene Wirkung des Trichlorphons nicht nur diesem selbst, sondern auch seiner metabolisch entstehenden Desmethylverbindung (oder deren Folgeprodukten) zuzuschreiben. Zur Klärung dieser Frage bedarf es allerdings noch weiterer Untersuchungen, so z. B. der Prüfung, inwieweit dem Strukturelement $P(O)CHOHCCl_3$ generell eine mutagene Potenz innewohnt.

Die für Trichlorphon getroffene Aussage berechtigt jedoch nicht a priori zu der Annahme, daß das Alkylierungsvermögen pestizider Phosphorsäureester generell ohne Einfluß auf die Auslösung mutagener Effekte ist. Aufklärung hierüber kann nur eine systematische Untersuchung aller interessierenden Wirkstoffe bringen. In diesem Zusammenhang sei noch einmal daran erinnert, daß die mutagene Wirkung direkter Alkylantien im Warmblüter faktisch nur durch denjenigen Bruchteil der applizierten bzw. incorporierten Verbindung verursacht werden kann, dessen Moleküle die Keimdrüsen mit intakter Alkylierungsgruppe erreichen. Eine chemisch reaktivere und daher meist auch rascher metabolisierende Verbindung hat somit geringere Chancen, in wirksamer Form zum „Zielorgan" zu gelangen als eine weniger reaktive. Setzt man einmal die methylierende Wirkung als mutagenes Prinzip voraus, dann erscheint es unter diesem Aspekt nicht überraschend, daß sich Dichlorvos im Dominanten-Letal-Test an der Maus als unwirksam erweist [4], während das wesentlich reaktionsträgere Trimethylphosphat im gleichen Testsystem eindeutig mutagen wirkt [5]. Im Falle der letztgenannten Verbindung liegt ein Kausalzusammenhang zwischen alkylierender und genotoxischer Wirkung insofern nahe, als hier die potentiellen Abbauprodukte Dimethylphosphat und Methylphosphat genetisch inaktiv sind [150].

6.2. *Cancerogene Wirkung*

Im Gegensatz zur mutagenen Wirkung ist die cancerogene Wirkung direkt alkylierender Agentien an kein bestimmtes „Zielorgan" gebunden und kann sich daher im einfachsten Falle unmittelbar am Applikations- bzw. Aufnahmeort entfalten. In der Tat stellen die meisten der bisher untersuchten direkten Alkylantien ausgesprochen lokal wirkende Cancerogene dar; ihre resorptive Wirkung ist in der Regel schwach ausgeprägt und tritt nur bei relativ langsam metabolisierenden Verbindungen deutlicher in Erscheinung [80]. Im Unterschied hierzu zeigen die phosphororganischen Pestizide Trichlorphon und Dimethoat so gut wie keine lokalen cancerogenen Effekte, sondern führen fast ausschließlich zu Tumoren der inneren Organe, von denen die Milz am häufigsten betroffen wird (vgl. Tab. 2 und 3). Ob dieses abweichende Verhalten der phosphororganischen Pestizide mit ihrem schwächeren Methylierungsvermögen, ihrer andersartigen Translokation und Metabolisierung sowie der unterschiedlichen Krebssensitivität der einzelnen Organe zusammenhängt oder auf einer prinzipiell anderen, mit den methylierenden Eigenschaften in keiner direkten Beziehung stehenden Wirkungsweise beruht, läßt sich gegenwärtig nicht entscheiden. Entgegen bisherigen Annahmen [151] können die z. Z. vorliegenden tierexperimentellen Befunde allein noch nicht als Bestätigung jener Arbeitshypothese gelten, nach der eine unmittelbare Verknüpfung des Alkylierungsvermögens phosphororganischer Verbindungen mit den durch sie ausgelösten cancerogenen Effekten und anderen Spätschäden besteht [152].

Cancerogene Wirkungen alkylierender Verbindungen werden entsprechend dem derzeitigen Erkenntnisstand in erster Linie durch O-6 MeG hervorgerufen. Beim Dimethylsulfat wurde O-6 MeG mit einem Anteil von $<0,2\%$ an der Summe aller Alkylierungsprodukte in Nucleinsäuren bei Warmblütern in vitro nachgewiesen (Lit. s. in [86]); beim Methylmethansulfonat betrug der Anteil 0,36% (bezogen auf N-7 MeG) bei Ratten in vivo [146]. Mit Dichlorvos wurden in DNS aus Zellen von E. coli in vitro 0,4% O-6 MeG gefunden [133].

O-6 MeG entsteht bevorzugt aus S_N1-Reagentien, N-7 MeG hingegen bevorzugt aus S_N2-Reagentien (siehe Tab. 7); hierbei sollten, insbesondere im Warmblüter, auch die ionischen Bedingungen in der Umgebung der Nucleinsäuren in Betracht gezogen werden. Für die im Verhältnis zum Dimethylsulfat relativ großvolumigen Moleküle insektizider Phosphorsäureester kann eine bevorzugte S_N2-Reaktivität postuliert werden, ebenso wie eine sterische Hinderung beim Eindringen in den inneren Bereich der DNS-Helix, denn erst dann kann O-6 am Guanin alkylierend angegriffen werden (siehe auch Abb. 1). Auf Grund dieser Betrachtungen kann der Anteil an O-6 MeG in Warmblütern in vivo unter Berücksichtigung der Werte für N-7 MeG aus Tab. 17 zu etwa $10^{-2}\%$ oder weniger extrapoliert werden.

Über die biologischen Konsequenzen der Bildung von N-7 MeG, des Hauptproduktes der alkylierenden Wirkung insektizider Organphosphate, existieren z. Z., auch im Zusammenhang mit den oben erwähnten Repairvorgängen, noch keine genauen Vorstellungen (siehe dazu auch Abschnitt 3.1. und 3.2.). Für O-6 MeG konnte, relativ zu anderen Alkylierungsprodukten, eine langsamere Depurinierung nachgewiesen werden (siehe auch Abschnitt 5.2.), deren Bedeutun für die Cancerogenese zunächst unklar ist. Damit kann das cancerogene Risiko für insektizide Organophosphate, wenn man ausschließlich die Bildung von O-6 MeG zugrunde legt, als eindeutig geringer als für Dimethylsulfat eingeschätzt werden.

7. Offene Probleme und Schlußfolgerungen

Die alkylierenden Wirkungen phosphororganischer Pestizide sind am Metabolismus im Warmblüter in vivo beteiligt und führen unter anderem zur Bildung alkylierter Basen in den Nucleinsäuren, deren biologische Konsequenzen vorläufig noch nicht eindeutig beurteilt werden können. Im Zusammenhang mit Repairstudien kommt der Arbeitskreis von Wottawa [153] bei Untersuchungen mit pestiziden Organophosphorverbindungen zu der Folgerung, daß die Mehrzahl der getesteten Verbindungen in Konzentrationen, die erheblich unter der Toxizitätsgrenze liegen, sowohl die DNS-Synthese als auch die DNS-Reparatur in beträchtlichem Umfange hemmen. Es besteht daher durchaus die Möglichkeit, daß das Auftreten von Spätschäden nicht oder nicht nur auf eine direkte Reaktion der Organophosphate mit der DNS, sondern vor allem auf eine indirekte Beeinflussung im Sinne der Unterdrückung oder Hemmung der DNS-Reparatur zurückzuführen ist.

Zur weiteren Klärung möglicher Ursachen von Spätschäden durch phosphororganische Pestizide sollten epidemiologische und katamnestische Studien an Personen, die längeren Umgang mit diesen Wirkstoffen hatten, durchgeführt werden. Insbesondere Erhebungen über Erkrankungen der Atmungsorgane, der Leber, des Verdauungstraktes, des blutbildenden Systems, des Nervensystems und zur Fertilität sowie zur Krebshäufigkeit sind notwendig. Diese Problematik ist auch für die weiteren Entwicklungen auf dem Antidotgebiet zu beachten.

In Produktionsbetrieben und agrochemischen Zentren, wo ständig große Mengen phosphororganischer Pestizide produziert oder ausgebracht werden, sind MAK-Werte und ADI-Werte, Meßverfahren zur Kontrolle dieser Werte sowie entsprechende Arbeitsschutzbestimmungen einzuführen oder zu überarbeiten. Die Gefahren durch Inhalation oder percutane Resorption von Dämpfen und Stäuben müssen eindringlich dargestellt werden, insbesondere für Verbindungen mit hohem Dampfdruck.

Forderungen nach einem generellen Verbot phosphororganischer Pestizide [154] stellen keine Problemlösung dar, da vorerst nicht auf den Einsatz dieser hochwirksamen Insektizide zu verzichten ist. Der Umgang mit phosphororganischen Wirkstoffen muß jedoch auf das notwendige Maß beschränkt werden, um jegliches gesundheitliches Risiko minimal zu halten. Weitere Arbeiten zur Dosis-Wirkungs-Beziehung, insbesondere für geringste Dosierungen, sind im Rahmen der Grundlagenforschung notwendig. Zur Frage möglicher Schwellenwerte für irreversible toxische Effekte wurde von Henschler [155] ein Vorschlag diskutiert, der auf einem Vergleich der Grenzkonzentrationen von Spurenelementen und Fremdstoffen beruht. Legt man eine Grenzkonzentration von 10^4 Atomen/Zelle für Spurenelemente zugrunde, so ergibt sich für 70 kg

Körpergewicht bei einem Molekulargewicht von 500 für den Fremdstoff ein Schwellenwert von 5 ppb, entsprechend dem „acceptable daily intake (a.d.i.)“ für Lebensmittel. Dieser Wert sollte für mögliche Neubewertungen von Toleranzen und Karenzzeiten phosphororganischer Wirkstoffe eine realistische Grundlage darstellen.

8. Anhang

8.1. *Versuchsdurchführung und Analytik der Experimente in vivo (Abschn. 5)*

Chemikalien: ^{14}C-Trichlorphon, ^{14}C-Butonat und ^{14}C-Dimethoat, in den OCH_3-Gruppen mit ^{14}C markiert, wurden in unserem Labor aus ^{14}C-CH_3OH hergestellt, wie von Dedek und Grahl beschrieben [156].

Nach Reinigung durch präparative DC betrug der Reinheitsgrad der Wirkstoffe $>99\%$ und die spezifische Aktivität 22 mCi/mmol = $1{,}87 \times 10^5$ bzw. $1{,}47 \times 10^5$ dpm/μg für Trichlorphon bzw. Butonat und 11 mCi/mmol = $1{,}04 \times 10^5$ dpm/μg für Dimethoat.

Alle anderen Chemikalien waren p.a., 7-Methyl-Guanin wurde von der Fluka AG, Schweiz, bezogen.

Tiere: Sämtliche Versuchsreihen wurden am Tierstamm AB Jena/Halle des Biologischen Instituts des Bereiches Medizin der Martin-Luther-Universität Halle durchgeführt, so daß genetisch einheitliches Material zur Verfügung stand.

Männliche Mäuse (25—30 g, 3—4 Monate) erhielten Standardfutter in Pellets und Wasser ad lib.; nach 24 h Nahrungsentzug wurden die markierten Wirkstoffe in 0,1 ml Propandiol-1,2 intraperitoneal injiziert. Dieses Lösungsmittel wurde gewählt, weil zahlreiche phosphororganische Wirkstoffe darin eine ausreichende oder hohe Löslichkeit besitzen, so daß die Ergebnisse von Versuchsreihen mit verschiedenen Wirkstoffen prinzipiell vergleichbar sein sollten. Die Dosierungen betrugen 4 mg und 0,4 mg = 160 und 16 mg/kg für Trichlorphon, 5 und 10 mg = 200 und 400 mg/kg für Butonat und 2 mg = 80 mg/kg für Dimethoat. Die Tiere wurden durch Chloroform getötet und die Organe bei −20 °C bis zur Aufarbeitung aufbewahrt.

Isolierung der Nucleinsäuren: Die Nucleinsäuren wurden nach den Verfahren von Noll und Bielka [157] und Wunderlich et al. [158] isoliert; nach mehrfacher Extraktion mit $CHCl_3$/Isoamylalkohol und Phenol wurde mit Pronase inkubiert, (RNS + DNS) mit Äthanol gefällt, 24 h bei 4 °C dialysiert und 0,2 mg 7-Methylguanin (7-MeG) als Träger zugesetzt.

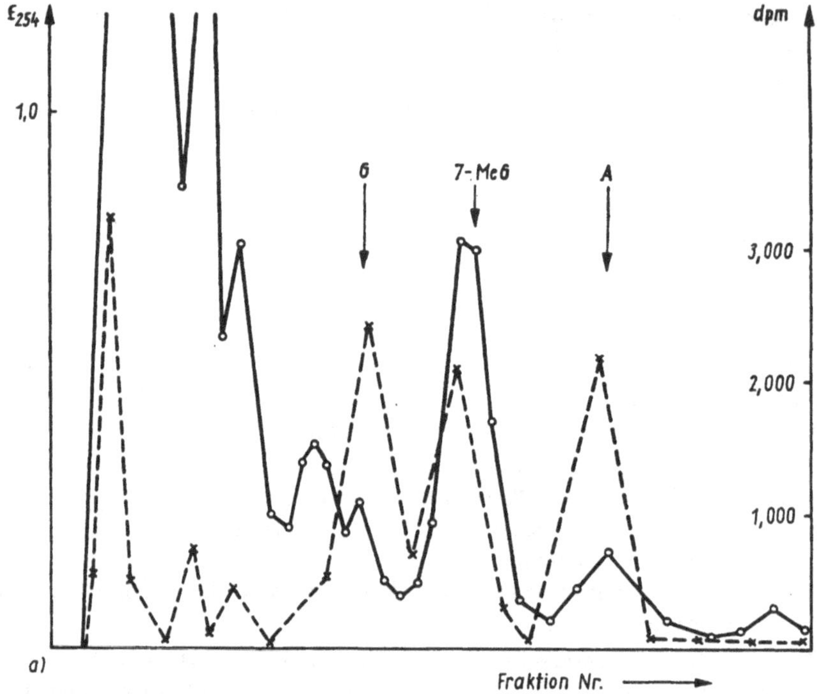

Abb. 6 Ionenaustausch-Chromatographie von Guanin (G), N-7 Methylguanin (7-MeG) und Adenin (A)

6 a: Purine im Urin, je 1 mg G, 7-MeG und A als Träger zugesetzt vor der Fällung mit $AgNO_3$

Chromatographie: Nach Hydrolyse mit 1 N HCl, 30 min bei 100 °C, wurde das Hydrolysat auf einer Säule 10 × 1,0 cm Dowex 50 W × 8 (H), 200—400 mesh durch Gradientelution von 1—4 N HCl fraktioniert (je 200 ml, 40 ml/h). Mit einem Uvicord II-Instrument (LKB) wurde die Extinktion bei 254 nm registriert, die Fraktionen auf dem Wasserbad zur Trockene eingeengt und in 0,2 ml H_2O und 2 ml Methanol aufgenommen (siehe Abb. 6). Weiterhin wurde ^{14}C im 7-MeG Peak durch Rechromatographie charakterisiert; die Fraktionen des 7-MeG Peaks wurden vereinigt, eingeengt und nach Zugabe von je 0,3 mg Adenin, Guanin und 7-MeG erneut fraktioniert [159].

Isolierung und Trennung der Purine im Urin: Im Sammelurin wurden die Purine mit $AgNO_3$ gefällt und gereinigt, wie von Wennerberg und Löfroth

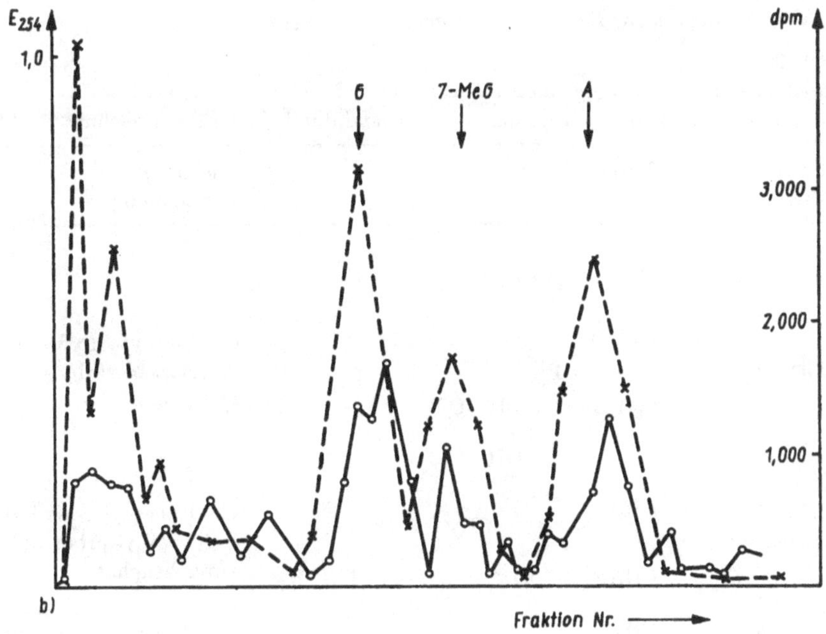

Abb. 6

6 b: Hydrolysat von (DNS + RNS) aus Leber, 0,2 mg 7-MeG als Träger zugesetzt vor der Hydrolyse.
x E_{254} o ^{14}C

beschrieben [134]. Die chromatographische Trennung erfolgte wie oben für die Hydrolysate der Nucleinsäuren beschrieben.

Radioaktivitätsmessung: ^{14}C wurde im Tri-Carb-Spektrometer Modell 3390 mit dem Szintillator PPO (4 g) und POPOP (0,2 g) in 1 l Toluol bestimmt. Die Nachweisgrenze betrug 2×10^{-8}, berechnet als ^{14}C relativ zur Gesamtdosis.

Den Herren Dr. med. habil. W. Gibel, Berlin sowie Dr. sc. nat. R. Schmidt und Dr. sc. nat. H. Scheufler, Halle, danken wir für die kollegiale Zusammenarbeit bei der Durchführung der Tierexperimente. Unseren Mitarbeitern Dr. R. Jentzsch und Dr. P. Schneider danken wir für die Mitarbeit bei den Arbeiten zur chemischen Reaktivität, Dr. R. Grahl für seine Mitarbeit bei der Darstellung der radioaktiv markierten Präparate. Unseren technischen Mitarbeitern Frau B. Mothes und Frau G. Bätz gilt unser besonderer Dank für die jederzeit zuverlässige Durchführung der radiochemischen analytischen Arbeiten.

8.2. *Verzeichnis der im Text angeführten Abkürzungen*

Tabelle 20
Verzeichnis der im Text angeführten Wirkstoffe und Abkürzungen; Wirkstoffe der internationalen Kartei der Common names sind durch C. n. gekennzeichnet

Wirkstoff (Abkürzung)	Formel	Chemische Bezeichnung
Äthylmethan-sulfonat (EMS)	$CH_3 \cdot SO_2 \cdot OC_2H_5$	
Äthyl-Trichlorphon	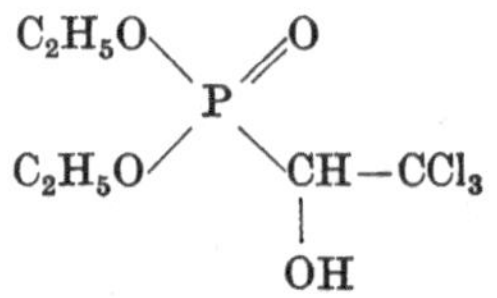	0,0-Diäthyl-1-hydroxy-2,2,2-trichloräthyl-phosphonat
Azodrin (C.n. Monocrotophos)	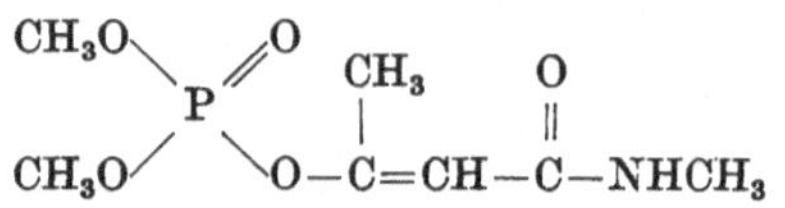	0,0-Dimethyl-1-methyl-2-(N-methylcarbamoyl)-vinylphosphat
Bidrin (C.n. Dicrotophos)	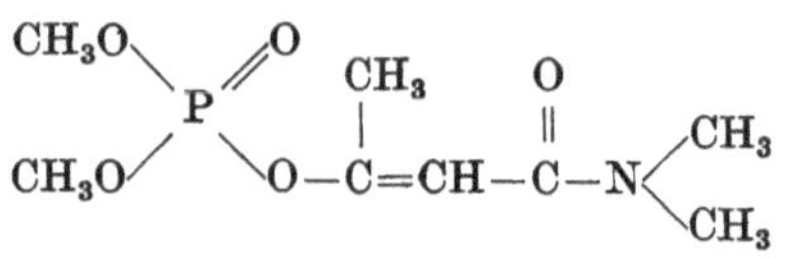	0,0-Dimethyl-1-methyl-2-(N-dimethylcarb-amoyl)-vinylphosphat
Butonat (C.n.)	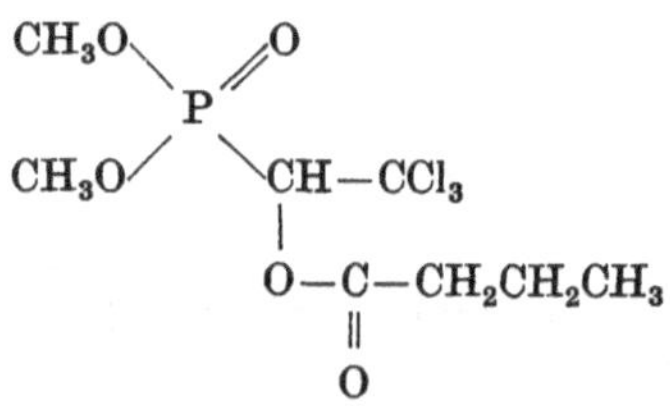	0,0-Dimethyl-1-n-butyryloxy-2,2,2-tri-chloräthyl-phosphonat
Ciodrin (C.n. Crotoxyphos)	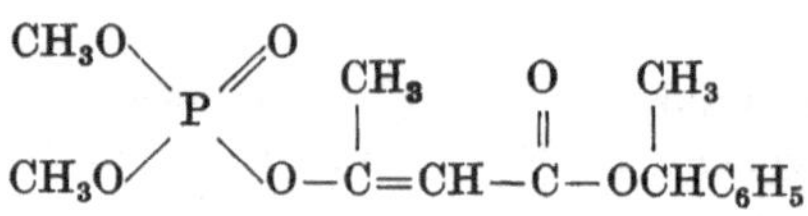	0,0-Dimethyl-1-methyl-2-(1-phenyläthoxy-carbonyl)-vinyl-phosphat
Desmethyl-trichlorphon	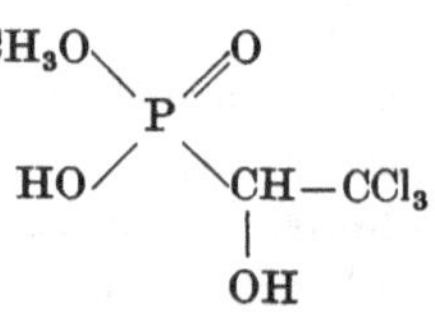	0-Methyl-1-hydroxy-2,2,2-trichloräthyl-phosphonat

Tabelle 20 (Fortsetzung)

Wirkstoff (Abkürzung)	Formel	Chemische Bezeichnung
Demeton-O (C.n.)	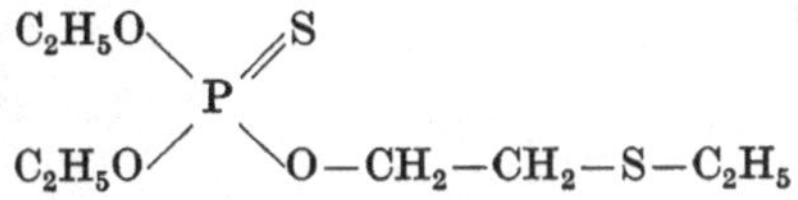	0,0-Diäthyl-0-(2-äthylthio-äthyl)-thionophosphat
Diazinon (C.n.)	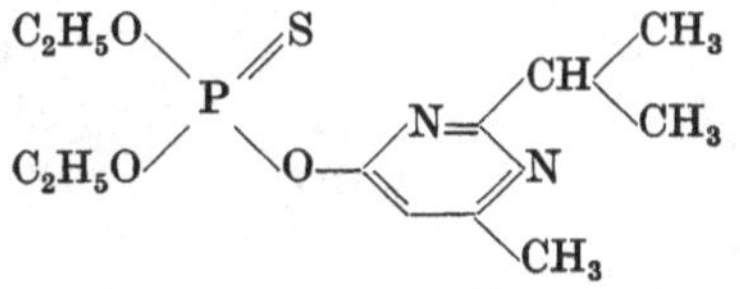	0,0-Diäthyl-0-(2-iso-propyl-4-methyl-pyrimidinyl-6)-thionophosphat
Dichlorvos (DDVP) (C.n.)	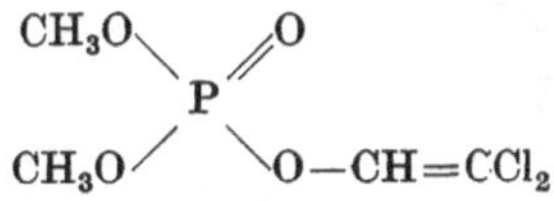	0,0-Dimethyl-0-(2,2-dichlorvinyl)-phosphat
Dimethoat (C.n.)	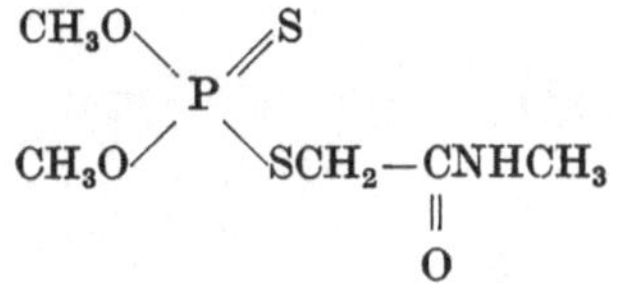	0,0-Dimethyl-S-(N-methylcarbamoyl-methyl)-dithiophosphat
Dimethylsulfat DMS	$SO_2(OCH_3)_2$	
Dimethylnitros-amin DMNA	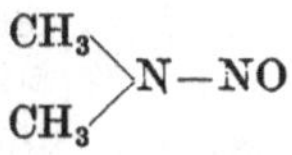	
Fenthion (C.n.)	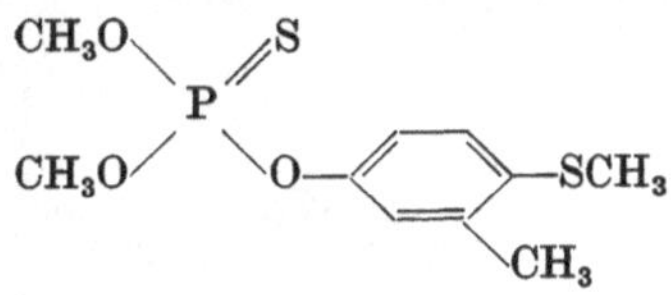	0,0-Dimethyl-0-(3-methyl-4-methylthio-phenyl)-thionophosphat
Isopropylmethan-sulfonat IPMS	$CH_3 \cdot SO_2 \cdot OCH(CH_3)_2$	
Malathion (C.n.)	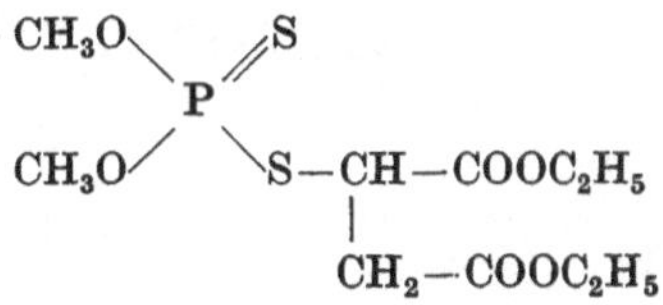	0,0-Dimethyl-S-(1,2-dicarbäthoxy-äthyl)-dithiophosphat
Methylmethan-sulfonat MMS	$CH_3 \cdot SO_2 \cdot OCH_3$	

Tabelle 20 (Fortsetzung)

Wirkstoff (Abkürzung)	Formel	Chemische Bezeichnung
Methylparaoxon	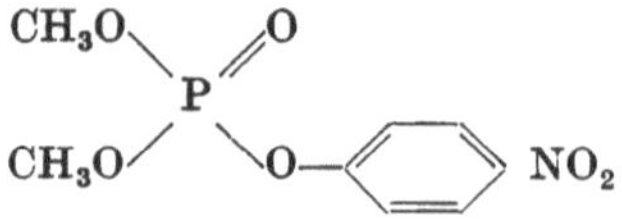	0,0-Dimethyl-0-(4-nitrophenyl)-phosphat
Methylparathion (C.n. Parathion-methyl)	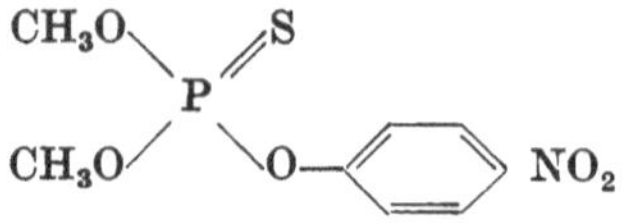	0,0-Dimethyl-0-(4-nitrophenyl)-thionophosphat
Nitrosomethyl-harnstoff MNUA	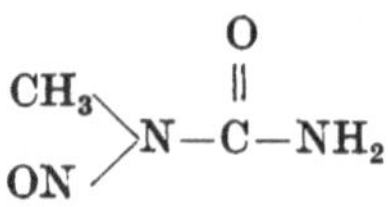	
Nitrosoäthyl-harnstoff ENUA	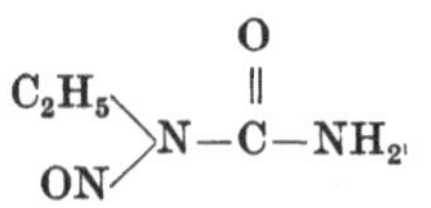	
N-Methyl-N'-nitro-N-nitroso-guanidin MNNG	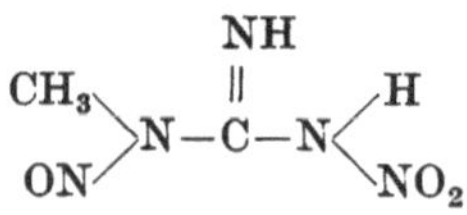	
Oxydemeton-methyl (C.n.)	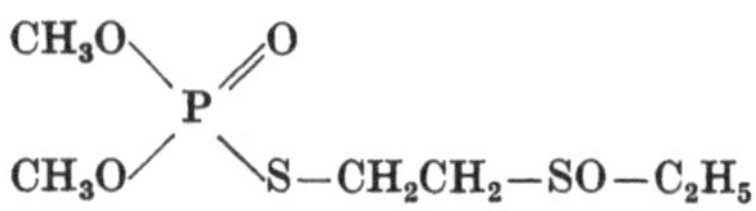	0,0-Dimethyl-S-(2-äthylsulfinyläthyl)-thiolphosphat
Parathion (C.n.)	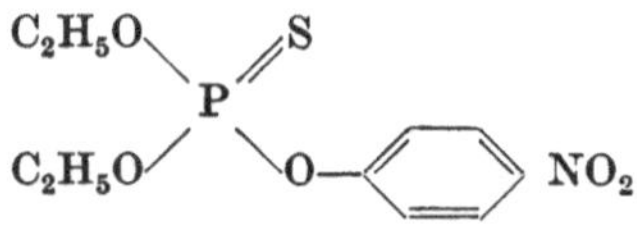	0,0-Diäthyl-0-(4-nitrophenyl)-thionophosphat
Phosphamidon (C.n.)	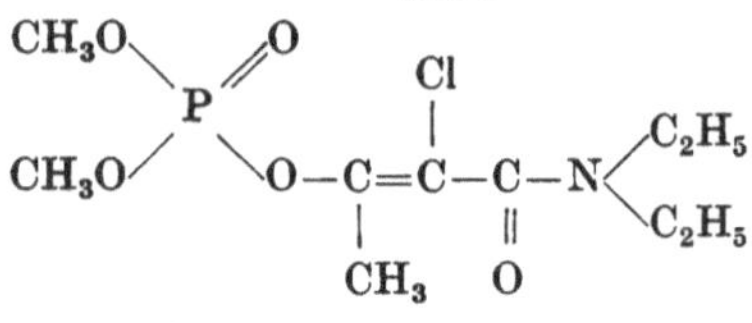	0,0-Dimethyl-0-(2-chlor-2-diäthylcarbamoyl-1-methyl-vinyl) phosphat
TEPA (C.n.)	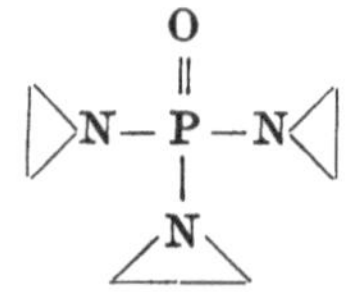	Tris-(1-aziridinyl)-phosphinoxid

Tabelle 20 (Fortsetzung)

Wirkstoff (Abkürzung)	Formel	Chemische Bezeichnung
THIOTEPA		Tris-(1-aziridinyl)-phosphinsulfid
Trichlorphon (C.n.)	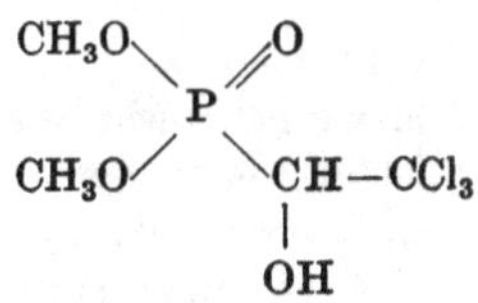	0,0-Dimethyl-1-hydroxy-2,2,2-trichloräthyl-phosphonat

Anmerkungen

1. Wenn nachfolgend der Begriff „Spätschäden" gebraucht wird, so ist er dahingehend definiert, daß hierunter solche Schäden verstanden werden, die als Folge einer akuten oder subakuten Vergiftung entweder als Residualschäden zurückbleiben oder erst nach längerer Zeit (Monaten/Jahren) durch entsprechende Symptome unerwartet in Erscheinung treten und überwiegend irreversibel sind. Es handelt sich demzufolge nicht um Schäden im Sinne einer chronischen Vergiftung (wobei man unter einer chronischen Vergiftung versteht, daß eine langdauernde, kontinuierliche oder von kleinen regelmäßigen oder unregelmäßigen zeitlichen Intervallen unterbrochene Einwirkung geringer Substanzmengen ohne subjektiv oder objektiv erkennbare Einzeleinwirkung stattfindet), sondern um solche Schäden, die ihre Ursache in Einzeldosen bzw. kurzzeitigen Einwirkungen haben (d. h., die an keine weitere Substanzzufuhr bis zum Auftreten der Symptome nach Monaten oder Jahren gebunden sind).

2. Aus sprachlichen Gründen werden in der vorliegenden Übersicht die Begriffe „phosphororganisch" und „Phosphorsäureester" nicht ausschließlich im Sinne der strengen Nomenklatur, sondern meist zusammenfassend für Derivate bzw. Ester verschiedener Säuren des tetraedrischen Phosphors verwendet.

3. Eine alphabetisch geordnete Zusammenstellung aller im Text genannten Wirkstoffe, ihrer Formeln und chemischen Bezeichnungen bzw. Abkürzungen und common names findet sich im Anhang in Tab. 20.

4. genotoxisch: „genotoxic is defined as a general expression to cover toxic, lethal and heritable effects to karyotic and extrakaryotic genetic material in germinal and somatic cells", zit. nach [160].

Literatur

[1] Epstein, S. S., E. Arnold, K. Steinberg, D. MacIntosh, H. Shafner und Y. Bishop: Toxicol. appl. Pharmacol. **17**, 23 (1970).

[2] Vogel, F., G. Röhrborn und E. Schleiermacher: Naturwissenschaften **58**, 131 (1971).

[3] Henschler, D.: Angew. Chem. **85**, 317 (1973).

[4] Dean, B. J., und E. Thorpe: Arch. Toxikol. **30**, 51 (1972).

[5] Epstein, S. S., W. Bass, E. Arnold und Y. Bishop: Science **168**, 584 (1970).

[6] Schiemann, S.: Diplomarbeit Univ. Halle-Wittenberg 1973.

[7] Dedek, W., H. Scheufler und G. W. Fischer: Arch. Toxikol. **33**, 163 (1975).

[8] Yoder, J., M. Watson und W. W. Benson: Mutation Res. **21**, 335 (1973).

[9] Bao, T. v., I. Szabo, P. Ruzicska und A. Czeizel: Humangenetik **24**, 33 (1974).

[10] Sax, K., und H. J. Sax: Japan. J. Genetics **43**, 89 (1968).

[11] Löfroth, G., Ch. Kim und S. Hussain: Environm. Mutagen Soc. Newslett. **2**, 21 (1969).

[12] Löfroth, G.: Naturwissenschaften **57**, 393 (1970).

[13] Kondnova, S. D., und L. L. Gumanov: Dokl. Akad. Nauk SSSR **198**, 1442 (1971).

[14] Ashwood-Smith, M. J., J. Trevino und R. Ring: Nature **240**, 418 (1972).

[15] Dean, B. J., S. M. A. Doak und J. Funnell: Arch. Toxicol. **30**, 61 (1972).

[16] Dean, B. J.: Arch. Toxicol. **30**, 67 (1972).

[17] Voogd, C. E., J. J. J. A. A. Jacobs und J. J. van der Stel: Mutation Res. **16**, 413 (1972).

[18] Fahrig, R.: Naturwissenschaften **60**, 50 (1973).

[19] Wild, P.: Mutation Res. **19**, 33 (1973).

[20] Bridges, B. A., R. P. Mottershead, M. H. L. Green und W. J. H. Gray: Mutation Res. **19**, 245 (1973).

[21] Dyer, H. F., und P. J. Hanna: Mutation Res. **21**, 175 (1973).

[22] Mohn, G.: Mutation Res. **21**, 169 (1973).

[23] Mohn, G.: Mutation Res. **20**, 137 (1973).

[24] Dikshith, T. S. S.: Environm. Physiol. Biochem. **3**, 161 (1973).

[25] Vogel, E.: Experientia **30**, 396 (1974).

[26] Fahrig, R.: JARC Scientific Publications **10**, 161 (1974).
[27] Gupta, A. K., und J. Singh: Current Sci. **43**, 661 (1974).
[28] Schom, C. B., N. E. Walker und U. K. Abbot: 61st Ann. Meeting Poultry Sci. Assoc., Columbus, Ohio (Aug. 1972), zit. in: Th. S. Foster, Residue Reviews **51**, 69 (1974).
[29] Roger, J.-C., D. G. Upshall und J. E. Casida: Biochem. Pharmacol. **18**, 373 (1969).
[30] Khera, K. S., und S. Bedok: Food Cosmet. Toxicol. **5**, 359 (1967).
[31] McLaughin, J., J.-P. Marliac, M. J. Verrett, M. K. Mutchler und O. G. Fitzhugh: Toxicol. appl. Pharmacol. **5**, 760 (1963).
[32] Greenberg, J., und Q. N. La Ham: Canad. J. Zool. **47**, 539 (1969).
[33] Meiniel, R., Y. Lutz-Ostertag und H. Lutz: Arch. Anat. micr. Morph. exp. **59**, 167 (1970).
[34] Meiniel, R.: Comptes rendus Acad. Sci. Paris (D) **279**, 603 (1974).
[35] Kimbrough, R. D., und T. B. Gaines: Arch. Environ. Health **16**, 805 (1968).
[36] Budreau, C. H., und R. P. Singh: Toxicol. appl. Pharmacol. **24**, 324 (1973).
[37] Tanimura, T., T. Katsuya und H. Nishimura: Arch. Environ. Health **15**, 613 (1967).
[38] Vogin, E. E., S. Carson und M. B. Slomka: Toxicol. appl. Pharmacol. Abstract No. 42, **19** (2) (1971).
[39] Thorpe, E., A. B. Wilson, K. M. Dix und D. Blair: Arch. Toxikol. **30**, 29 (1972).
[40] Freye, H.-A., und H. Scheufler: Nova Acta Leopoldina **41**, 183 (1975).
[41] Scheufler, H., W. Dedek und P. Schneider: Z. ges. Hyg. Grenzgebiete **22**, 565 (1976).
[42] Gofmekler, V. A., und S. A. Tabakova: Pharmakol. u. Toxikol. [UdSSR] **33**, 735 (1970).
[43] WHO Pesticide Residues Series, No. 1, WHO, Genf 1972.
[44] Ogi, D., und A. Hamada: J. Jap. Obstet. Gynecol. Soc. **17**, 569 (1965).
[45] Preussmann, R.: Food Cosmet. Toxicol. **6**, 576 (1968).
[46] Maruyama, zit. in [54].
[47] Maresch, W.: Arch. Toxikol. **16**, 285 (1956).
[48] Lutterotti, A. v.: Med. Welt **46**, 2430 (1961).
[49] Domschke, W., und G. F. Domagk: Naturwissenschaften **57**, 39 (1970).
[50] Domschke, S., W. Domschke und M. Classen: Naturwissenschaften **58**, 575 (1971).
[51] Spiegelberg, U., in: Wehrdienst und Gesundheit, Bd. III, Wehr und Wissen Verlagsgesellschaft, Darmstadt 1961.
[52] Spiegelberg, U.: Proc. Int. Congr. Occup. Health 14th, 1963. Excerpta Med. Found. Int. Congr. Ser. n62, 1778.
[53] Reinl, W.: Arch. Toxikol. **16**, 158 (1956).
[54] Namba, T., C. T. Nolte, J. Jackrel und D. Grob: Am. J. Med. **50**, 474 (1971).
[55] Kaulla, K. v., und J. H. Holmes: Arch. Environ. Health **2**, 168 (1961).

[56] KLIMMER, O. R.: Pflanzenschutz- und Schädlingsbekämpfungsmittel, 2. Aufl., Hundt-Verlag, Hattingen 1971.
[57] Tabulation of Reports Compiled by the Panel on Hematology of the Registry on Adverse Reactions of Drugs, American Medical Association, Chicago 1965.
[58] REIZENSTEIN, P., und B. LAGERLÖF: Acta Haematol. **47**, 1 (1972).
[59] DAVIGNON, L. F., J. ST.-PIERRE, G. CHAREST und F. J. TOURANGEAN: Can. Med. Assoc. J. **92**, 597 (1965).
[60] GIBEL, W., KH. LOHS, G. P. WILDNER und D. ZIEBARTH: Arch. Geschwulstforsch. **37**, 303 (1971).
[61] GIBEL, W., KH. LOHS, G. P. WILDNER, D. ZIEBARTH und R. STIEGLITZ: Arch. Geschwulstforsch. **41**, 311 (1973).
[62] GIBEL, W., und Mitarb., unveröffentlicht.
[63] ROSS, W. C. J.: Biological Alkylating Agents, Butterworth, London 1962.
[64] VAN DUUREN, B. W. (Ed.): Biological Effects of Alkylating Agents, Ann. N. Y. Acad. Sci. **163**, 589 (1969).
[65] DRUCKREY, H.: Xenobiotica **3**, 271 (1973).
[66] AUERBACH, C., und J. M. ROBSON: Proc. Roy. Soc. Edinburgh **62**, 271 (1974): die Arbeit konnte auf Grund von Geheimhaltungsvorschriften erst nach dem Kriege publiziert werden.
[67] BIRD, J. M.: Nature **165**, 419 (1950); J. Genet. **50**, 480 (1952).
[68] RAPOPORT, I. A.: Doklady Akad. Nauk SSSR **59**, 1183 (1948).
[69] FARMY, O. G., und M. J. FARMY: Nature **177**, 996 (1956); **180**, 31 (1957).
[70] RAPOPORT, I. A.: Bull exp. Biol. Med. [UdSSR] **23**, 3 (1947).
[71] RAPOPORT, I. A.: Doklady Akad. Nauk SSSR **61**, 713 (1948).
[72] LOVELESS, A.: Genetic and Allied Effects of Alkylating Agents, Butterworth, London 1966.
[73] BOYLAND, E., und E. S. HORNING: Brit. J. Cancer **3**, 118 (1949).
[74] YAMADA, A.: Acta Path. Japon. **13**, 131 (1963).
[75] WADA, S., M. MIYANISHI, NISHIMOTO, S. KAMBE und R. W. MILLER: Lancet **1968** I, 1161.
[76] WEISS, A., und B. WEISS: Dtsch. med. Wschr. **100**, 919 (1975).
[77] WALPOLE, A. L., D. C. ROBERTS, F. L. ROSE, J. A. HENDRY und R. F. HOMER: Brit. J. Pharmacol. **9**, 306 (1954).
[78] VAN DUUREN, B. L., N. NELSON, L. ORRIS, E. D. PALMES und F. L. SCHMITT: J. nat. Cancer Inst. **31**, 41 (1963).
[79] DICKENS, F., und H. E. H. JONES: Brit. J. Cancer **15**, 85 (1961).
[80] DRUCKREY, H., H. KRUSE, R. PREUSSMANN, S. IVANKOVIČ und CH. LANDSCHÜTZ: Z. Krebsforsch. **74**, 241 (1970).
[81] ROSE, F. J. C.: Cancer Res. **17**, 64 (1957).
[82] KREYBIG, TH. v.: Arzneimittelforschung **17**, Beiheft (1968).
[83] DRUCKREY, H., J. GIMMY und CH. LANDSCHÜTZ: Z. Krebsforsch. **79**, 135 (1973).
[84] LAWLEY, P. D., D. J. ORR und M. JARMAN: Biochem. J. **145**, 73 (1975).
[85] LAWLEY, P. D.: Mutation Res. **23**, 283 (1974).

[86] SINGER, B.: The Chemical Effects of Nucleic Acid Alkylation and Their Relation to Mutagenesis and Cancerogenesis, in: Progress in Nucleic Acid Research and Molecular Biology, Vol. 15 (W. E. COHEN, Editor). Acad. Press. N. Y., San Francisco, London 1975, S. 219—280, 330—332.

[87] BANNON, P., und W. VERLEY: Eur. J. Biochem. **31**, 103 (1972).

[88] O'CONNOR, R. J., G. P. MARGISON und A. W. CRAIG: Biochem. J. **145**, 475 (1975).

[89] LAWLEY, P. D., und C. W. MARTIN: Biochem. J. **145**, 85 (1975).

[90] MAGEE, P. N.: Molecular Mechanisms in Chemical Carcinogenesis, in: Recent Results in Cancer Research. Vol. 44 (E. GRUNDMANN, Editor), Springer-Verlag Berlin, Heidelberg, New York 1974.

[91] KLEIHUES, P., und P. N. MAGEE: J. Neurochem. **20**, 595 (1973).

[92] CRADDOCK, V. M.: Biochim. Biophys. Acta **312**, 202 (1973).

[93] COX, J. R., und O. B. RAMSEY: Chem. Reviews **64**, 317 (1964).

[94] HILGETAG, G., und H. TEICHMANN: Angew. Chem. **77**, 1001 (1965).

[95] CHASKIN, B. A.: Reaktionen und Methoden der Untersuchung organischer Verbindungen (russ.) **20**, 112 (1969).

[96] CHABRIER, P., N. T. THUONG, C. CLERGUE und E. LARRUAT: C. R. hebd. Séances Acad. Sci. **257**, 697, 2846 (1963); Bull. Soc. chim. France **1964**, 1407.

[97] OSBORNE, D. W.: J. org. Chemistry **29**, 3570 (1964).

[98] MEL'NIKOV, N. N., B. A. CHASKIN, A. F. VASILJEV und K. D. ŠVECOVA-ŠILOVSKAJA: Z. obsc. Chim. **34**, 40 (1964).

[99] MEL'NIKOV, N. N., B. A. CHASKIN und L. T. ELEPINA: Biologisch aktive Verbindungen (russ.), Verlag Nauka, Moskau 1965, S. 248.

[100] THUONG, N. T.: Bull. Soc. chim. France **1971**, 928.

[101] BEDFORD, C. T., und J. ROBINSON: Xenobiotica **2**, 307 (1972).

[102] FISCHER, G. W., und KH. LOHS: Arch. Geschwulstforsch. **42**, 34 (1973).

[103] JENTZSCH, R., und G. W. FISCHER: J. prakt. Chem. **316**, 249 (1974).

[104] JENTZSCH, R., P. SCHNEIDER und G. W. FISCHER: J. prakt. Chem. **317**, 721 (1975).

[105] JENTZSCH, R., P. SCHNEIDER und G. W. FISCHER: J. prakt. Chem. **317**, 733 (1975).

[106] HILGETAG, G., G. LEHMANN, A. MARTINI, G. SCHRAMM und H. TEICHMANN: J. prakt. Chem. [4] **8**, 207 (1959).

[107] Farbenfabriken Bayer AG, Brit. P. 771634. C. A. **51**, 14785 (1975).

[108] BENNEWITZ, R., und G. FOTH: Z. analyt. Chem. **229**, 110 (1967).

[109] SCHRADER, G.: Entwicklung neuer insektizider Phosphorsäureester, 3. Aufl., Verlag Chemie, Weinheim/Bergstr. 1963.

[110] Methoden der organischen Chemie (Houben-Weyl), 4. Aufl., Band 12/2, S. 256, Georg Thieme Verlag, Stuttgart 1964.

[111] KÜHN, G., G. W. FISCHER und KH. LOHS: Arch. Pharmaz. **300**, 363 (1967).

[112] KOENIGS, E., K. KÖHLER und K. BLINDOW: Ber. dtsch. chem. Ges. **58**, 933 (1925).

[113] KAKÀC, B., und Z. J. VEJDĚLEK: Handbuch der photometrischen Analyse organischer Verbindungen, Verlag Chemie, Weinheim/Bergstr. 1974, S. 612, 662, 694, 720 und 739.

[114] EPSTEIN, J., R. W. ROSENTHAL und R. J. ESS: Analytic. Chem. **27**, 1435 (1955).

[115] SAWICKI, E., D. F. BENDER, T. R. HAUSER, R. M. WILSON und J. E. MEEKER: Analytic. Chem. **35**, 1479 (1964).

[116] PREUSSMANN, R., H. SCHNEIDER und F. EPPLE: Arzneimittel-Forsch. **19**, 1059 (1969).

[117] PREUSSMANN, R., H. HENGY und H. DRUCKREY: Liebigs Ann. Chem. **684**, 57 (1965).

[118] FISCHER, G. W.: J. prakt. Chem. **317**, 779 (1975).

[119] KRAMER, D. N., und R. M. GAMSON: Analytic. Chem. 29, 21 A (1957).

[120] MATOUŠEK, J., und I. TOMACEK: Analyse synthetischer Gifte. Deutscher Militärverlag, Berlin 1965, S. 235.

[121] GETZ, M. E., und R. R. WATTS: J. Assoc. off. agric. Chemists **47**, 1094 (1964); R. R. WATTS, ebenda **48**, 1161 (1965).

[122] FISCHER, G. W.: J. prakt. Chem. **315**, 901 (1973).

[123] TURNER, C. R.: Analyst **99**, 431 (1974).

[124] HILGETAG, G., und H. TEICHMANN: Z. Chem. **11**, 1 (1971).

[125] JENTZSCH, R., und G. W. FISCHER: unveröffentlichte Ergebnisse.

[126] FISCHER, G. W., R. JENTSCH, V. KASANZEWA und F. RIEMER: J. prakt. Chem. **317**, 943 (1975).

[127] PARKER, A. J.: Chem. Reviews **69**, 1 (1969).

[128] FOWDEN, L., E. D. HUGHES und C. K. INGOLD: J. chem. Soc. [London] **1955**, 3187.

[129] BUNNETT, J. F.: J. Amer. chem. Soc.**79**, 5969 (1957).

[130] CONANT, J. B., und R. E. HUSSEY: J. Amer. chem. Soc. **47**, 476 (1925).

[131] CONANT, J. B., W. R. KIRMER und R. E. HUSSEY: J. Amer. chem. Soc. **47**, 488 (1925).

[132] SKOLNIK, H., A. R. DAY und J. G. MILLER: J. Amer. chem. Soc. **65**, 1858 (1943).

[133] LAWLEY, P. D., S. A. SHAH und D. J. ORR: Chem.-Biol. Interactions **8**, 171 (1974).

[134] WENNERBERG, R., und G. LÖFROTH: Chem.-Biol. Interactions **8**, 339 (1974).

[135] LÖFROTH, G., und R. WENNERBERG: Z. Naturforsch. **29** *c*, 651 (1974).

[136] LÖFROTH, G., S. OSTERMANN-GOLKAR und R. WENNERBERG: Experientia **30**, 641 (1974).

[137] CHU, B., und P. D. LAWLEY: Chem.-Biol. Interactions **7**, 65 (1973).

[138] EHRENBERG, L., in: Chemical Mutagens, Principles and Methods for their Detection, Vol. 2 (A. Hollaender, Editor), Plenum Press, New York, London 1971, S. 373.

[139] MARGISON, G. P., M. J. CAPPS, P. J. O'CONNOR und A. W. CRAIG: Chem.-Biol. Interactions **6**, 119 (1973).

[140] McELHONE, M. J., P. J. O'CONNOR und A. W. CRAIG: Biochem. J. **125**, 821 (1971).

[141] Goth, R., und M. Rajewsky: Proc. Nat. Acad. Sci. USA **71**, 639 (1974).
[142] Kleihues, P., und G. P. Margison: J. Nat. Cancer Inst. **53**, 1839 (1974).
[143] Berndt, J.: Angew. Chem. **85**, 289 (1973).
[144] Freese, E.: Environm. Health Perspect. **1973**, 171.
[145] Schlögel, F. A., und P. Bannasch: Naunyn-Schmiedebergs Arch. Pharmakol. **266**, 441 (1970).
[146] Kleihues, P., K. Patzschke, G. P. Margison, L. A. Wagner und Ch. Mende: Z. Krebsforsch. **81**, 273 (1974).
[147] Druckrey, H., H. Kruse, R. Preussmann, S. Ivankovic, Ch. Landschütz und J. Gimmy: Z. Krebsforsch. **75**, 84 (1970).
[148] Dedek, W., und H. Schwarz: Atompraxis **12**, 603 (1966).
[149] Sawicki, J.: Bromatol. Chem. Toksykol. **6**, 197 (1973).
[150] Vogel, E., zit. in [26].
[151] Lohs, Kh., W. Gibel und W. Dedek, in: DNA-Repair and Late Effects (H. Altmann, Editor), Rötzer Druck, Eisenstadt/Österr. 1974, S. 207.
[152] Lohs, Kh., in: Festschrift zum 60. Geburtstag von R. Baumann, Deutsche Akademie der Wissenschaften zu Berlin, Berlin-Buch 1971, S. 103.
[153] Wottawa, A., J. Washüttel und E. Bancher: DNA-Repair and Late Effects (H. Altmann, Editor), Congress-Report, Symposium Wien 1975 (im Druck).
[154] Dyer, K. F., and P. J. Hanna: Ecologist **4**, 234 (1974).
[155] Henschler, D.: Arch. Toxikol. **32**, 63 (1974).
[156] Dedek, W., und R. Grahl: Isotopenpraxis **9**, 294 (1973).
[157] Noll, F., und H. Bielka: Acta Biol. Med. Ger. **20**, 565 (1968).
[158] Wunderlich, V., M. Schütt, M. Böttger und A. Graffi: Biochem. J. **118**, 99 (1970).
[159] Dedek, W., Kh. Lohs, G. W. Fischer und R. Schmidt: Pestic. Biochem. Physiol. **6**, 101 (1976).
[160] Evaluation of Genetic Risks of Environmental Chemicals, Ambio Special Report Nr. 3, 1973, S. 15.

MIX
Papier | Fördert gute Waldnutzung
FSC® C083411

Zeitfracht Medien GmbH
Ferdinand-Jühlke-Straße 7
99095 Erfurt, Deutschland
produktsicherheit@kolibri360.de